小学算
解きかたが1冊で
しっかりわかる本

東大卒プロ算数講師
小杉拓也

かんき出版

はじめに
1冊で算数6年分の解きかたがわかる集大成(しゅうたいせい)！

本書を手に取っていただき、誠にありがとうございます。

この本は、小学校6年分の算数の「解きかた」を1冊でゼロからしっかり理解するための本で、主に次の方を対象にしています。

お子さんに、算数の解きかたを上手に教えたいお父さん、お母さん

復習や予習をしたい小学生や中学生

学び直しや頭の体操をしたい大人

ベストセラーとなった『小学校6年間の算数が1冊でしっかりわかる本』、『小学校6年間の算数が1冊でしっかりわかる問題集』の読者の方はもちろん、はじめて手に取ってくださった方でも、**小学校6年分の算数の「解きかた」をゼロからしっかり理解する**ことができます。

また、**本書に掲載されている問題は、すべて新たに書き下ろしたもの**で、基礎から発展まで、幅広いレベルの項目をカバーできるようになっています。

小学校の算数がわかる本は、他にも何冊かありますが、その中でも「『子どもにとって一番わかりやすい解きかた』を紹介した、今までの集大成とも言える本を作りたい」と思ったことが、本書を執筆するきっかけになりました。そのために、本書は７つの強みを独自の特長として備えています。

その１ 教えるときのポイント！ を、全189項目に掲載！
その２ 子どもにとって一番わかりやすい「解きかた」を紹介！
その３ 親子の学習の心強い味方！
その４ 用語の意味を大切にし、巻末(かんまつ)に「意味つき索引(さくいん)」も！
その５ 小学校の教科書レベルはもちろん、さらに応用問題も！
その６ 2020年度からの新学習指導要領に対応！
その７ 小学１年生で習う「たし算、引き算」から掲載！

「解きかた」さえ頭に入れておけば、どんな問題でも、最短で正しい答えにたどりつくための道すじが見えてきます。ですから、教科書や問題集などの問題を解いていて、頭に「？」が浮かんだとき、この本を辞書のように使ってみてください。苦手なところや、つまずいたところを、この本でなくしていけば、算数が得意に、そして好きな教科になっていくでしょう。

小学生から大人まで、この本を読んでくださった皆さんに、算数のおもしろさが伝われば幸いです。

『小学算数の解きかたが１冊でしっかりわかる本』の７つの強み

その１ 教えるときのポイント！ を、全189項目に掲載！

「自分では解けるけど、子どもにどう教えたらいいかがわからない」
「時間をかけて教えても、子どもの算数の成績が伸びない」
「算数の『なぜ？』『どうして？』に答えられない」
……など、お父さん、お母さんの悩みは尽きません。

そこでこの本では、私の20年以上の指導経験から、「成績が上がる教えかた」「つまずきやすい問題への対処法（たいしょほう）」「学校では教えてくれない解きかた」など、算数を教えるときのポイントを既刊（きかん）の３倍以上にあたる全189項目に掲載しました（ベストセラーとなった既刊『小学校６年間の算数が１冊でしっかりわかる本』は59項目）。

その２ 子どもにとって一番わかりやすい「解きかた」を紹介！

本書は、算数の問題の「解きかた」を徹底的にかみくだいてわかりやすく解説した本で、子どもにとって一番理解しやすい「解きかた」がぎっしりつまっています。

また、問題の解きかたがスムーズにわかるように、「学ぶ順序」についても考え抜きました。はじめから順に読み解くだけで、小学校６年分の算数が基礎からしっかり身につきます。

さらに、既刊の『小学校６年間の算数が１冊でしっかりわかる本』に比べて、小学校６年分の教科書レベル（プラスα）の問題をより広く網羅（もうら）した内容になっており、さまざまな問題のベストな解きかたを学ぶことができます。

その３　親子の学習の心強い味方！

「家庭でしっかり学習する生徒ほど、算数の正答率が高い傾向がある」という調査結果があります（文部科学省「全国学力・学習状況調査の結果」より）。

多くの生徒と接してきた私の経験からも、それは間違いないと断言できます。とはいえ、子どもが一人で学習できる力は限られています。家庭学習では、お父さんやお母さんの手助けが不可欠です。例えば、子どもが問題を解いた後の答え合わせや、間違ったところの解説は、お父さんやお母さんの協力が必要です。家庭学習を習慣づけるために、本書が心強い存在になるでしょう。

その４　用語の意味を大切にし、巻末（かんまつ）に「意味つき索引（さくいん）」も！

算数の学習で、意外に見過ごされがちなのが、用語の意味をしっかりおさえることです。

例えば、「直角と垂直の違いは？」という問いかけがあったとき、「直角は『かど』のような形で、垂直は……」というような、あいまいな答えでは〇はもらえません。

本当の意味で「小学校6年間の算数がわかる」ためには、算数で出てくる用語とその意味をしっかり知っておく必要があります。そこで、本書では、用語の意味が知りたくなったとき、いつでもその意味を調べられるよう、巻末に「意味つき索引」をつけています。読むだけで、「用語を言葉で説明できる力」を伸ばしていくことができます。

その5 小学校の教科書レベルはもちろん、さらに応用問題も！

この本で扱う問題は、小学校の教科書の範囲に合わせた内容が中心です。そして、各項目には、2020年度からの新学習指導要領に準拠（じゅんきょ）したかたちで、その内容を学ぶ学年を明記しています（「3年生」「5年生」など）。ですから、どの学年の子でも、いま小学校で習っているところをダイレクトに学習することができます。

さらに**ここで差がつく！算数コラム**などのページでは、学校では教えてくれない発展的な問題や計算法、解きかたも載せています。「教科書レベル」と「プラスα」の内容をマスターして、算数をさらに得意にしていきましょう！

その6 2020年度からの新学習指導要領に対応！

「ドットプロットって何？」とお子さんから聞かれて、スムーズに答えられますか？

2020年度からの新学習指導要領では、**ドットプロット**という用語や、それまで中学数学の範囲だった**代表値**（だいひょうち）、**階級**（かいきゅう）などの用語が、小学算数の範囲である「データの調べかた」の単元に加わりました。本書では、これらの新たな範囲についてもしっかりと解説しています。

その7 小学１年生で習う「たし算、引き算」から掲載！

小学１年生で習う「４＋８」という問題を、お子さんにどう教えますか？

図をかく、おはじきを使う、指を使う…など、さまざまな教えかたがありますが、**一番わかりやすい方法で教えてあげたい**と思うのが、親心でしょう。そこで本書では、「**子どもが一番理解しやすい教えかた**」を厳選し、１年生で習うたし算、引き算から掲載しています。

また、子どもも大人も読みやすいように、**とにかくていねいに解説する**ことを心がけました。シンプルな計算でも、途中式の意味をはぶかずに、ひとつひとつ解説しています。

小学校在学中はもちろん、卒業した後もずっと、役に立ち続ける本になるでしょう。

本書の使いかた

1 この1ページで学ぶ項目です

2 公立小学校の教科書（2020年度からの新学習指導要領に準拠）をもとにした、各項目を習う学年※です

3 各項目の問題です

4 各項目を学ぶうえで一番のポイントです

5 問題の解きかたと答えです。解きかたの流れをじっくり理解しましょう

6 各項目を教えるうえでのポイントです。学校では教えてくれない、さまざまなコツを載せています

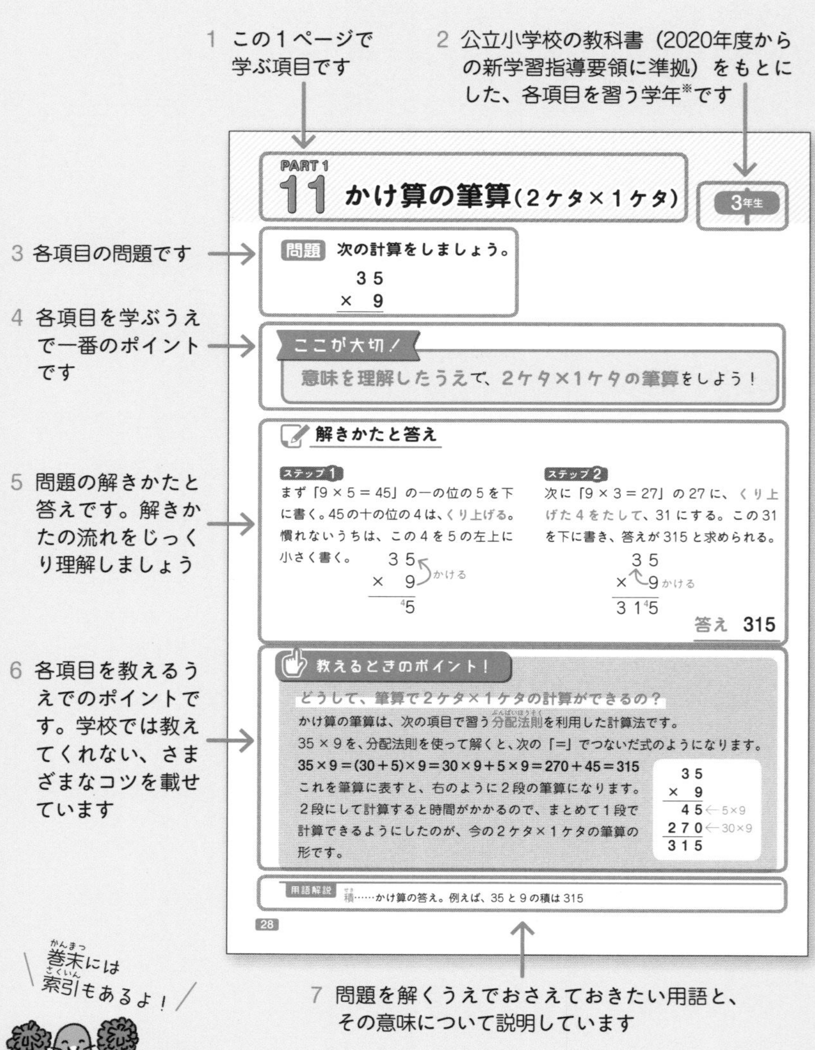

PART 1

11 かけ算の筆算（2ケタ×1ケタ）

3年生

問題 次の計算をしましょう。

```
  3 5
×   9
```

ここが大切！

意味を理解したうえで、2ケタ×1ケタの筆算をしよう！

解きかたと答え

ステップ1

まず「9 × 5 = 45」の一の位の5を下に書く。45の十の位の4は、くり上げる。慣れないうちは、この4を5の左上に小さく書く。

```
  3 5
×   9   かける
-----
    ⁴5
```

ステップ2

次に「9 × 3 = 27」の27に、くり上げた4をたして、31にする。この31を下に書き、答えが315と求められる。

```
   3 5
×    9  かける
------
 3 1⁴5
```

答え 315

教えるときのポイント！

どうして、筆算で2ケタ×1ケタの計算ができるの？

かけ算の筆算は、次の項目で習う分配法則（ぶんぱいほうそく）を利用した計算法です。

35 × 9 を、分配法則を使って解くと、次の「=」でつないだ式のようになります。

35 × 9 = (30 + 5) × 9 = 30 × 9 + 5 × 9 = 270 + 45 = 315

これを筆算に表すと、右のように2段の筆算になります。

2段にして計算すると時間がかかるので、まとめて1段で計算できるようにしたのが、今の2ケタ×1ケタの筆算の形です。

```
    3 5
×     9
-------
    4 5  ← 5×9
  2 7 0  ← 30×9
-------
  3 1 5
```

用語解説 積（せき）……かけ算の答え。例えば、35と9の積は315

28

7 問題を解くうえでおさえておきたい用語と、その意味について説明しています

巻末（かんまつ）には索引（さくいん）もあるよ！

※（3、6年生）なら、3年生と6年生で習うことを表します

もくじ

PART 2 小数の計算

PART 3 約数（やくすう）と倍数（ばいすう）

PART 4

分数の計算

PART 5 平面図形

PART 6 立体図形

PART 7 単位量あたりの大きさ

もくじ

PART 8 速さ

PART 9 割合

PART 10 比（ひ）

PART 11 □や文字を使った式

PART 12 比例（ひれい）と反比例（はんぴれい）

PART 13 場合の数

PART 14 データの調べかた

カバーデザイン　ISSHIKI
本文デザイン　二ノ宮　匡(ニクスインク)
DTP　茂呂田　剛(エムアンドケイ)
畑山　栄美子(エムアンドケイ)
イラスト　村山　宇希

PART 1

01 たして10になる数

1年生

問題 次の□にあてはまる数を答えましょう。

(1) 3＋□＝10　(2) 5＋□＝10　(3) 1＋□＝10

(4) 8＋□＝10　(5) 6＋□＝10　(6) 4＋□＝10

(7) 2＋□＝10　(8) 9＋□＝10　(9) 7＋□＝10

ここが大切！

この9問の答えを、**九九のように暗記**しよう！

答え

(1) 7　(2) 5　(3) 9　(4) 2　(5) 4

(6) 6　(7) 8　(8) 1　(9) 3

教えるときのポイント！

たして10になる数がわかれば、さくらんぼ計算が楽になる！

この 問題 を初めて解くお子さんへの教えかたは、10このおはじきを使うなど、いくつかの方法が考えられます。ただ最終的には、この9問の答えを、九九のように暗記することをおすすめします。

次の項目で習う「さくらんぼ計算（くり上がりのあるたし算)」では、「たして10になる数」を求める必要があり、それを暗記することで計算が速くなるからです。

用語解説

整数（せいすう）……0、1、2、3、4、5、…のような数

和（わ）……たし算の答え。例えば、8と2の和は10

PART 1
02 くり上がりのあるたし算(1ケタ+1ケタ) 1年生

問題 次の計算をしましょう。

4＋8

ここが大切！

さくらんぼ計算を使って、
くり上がりのあるたし算を解こう！

解きかたと答え

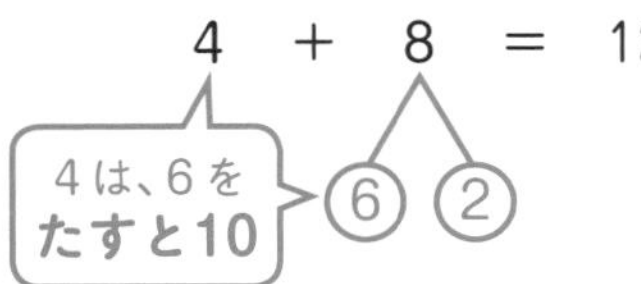

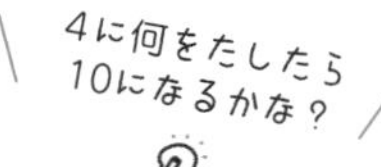

①8の下にさくらんぼをかき、8を6と2に分けて、中に書く
②4に6をたして、10
③10とさくらんぼの残りの2をたして答えは12

答え 12

教えるときのポイント！

さくらんぼ計算で大事なのは「たして10になる数」！

現在、多くの小学生が学校で教わっている、さくらんぼ計算。左ページでも解説しましたが、さくらんぼ計算（くり上がりのあるたし算で使う）をマスターするために、「たして10になる数」を、九九のように暗記することが大切です。
上の「4＋8」の例では、「4に何をたすと10になるか」をすぐに思いつけるかどうかで計算のスピードが違ってきます。さくらんぼ計算に慣れると、くり上がりのある計算も、すばやく正確に暗算できるようになるのです。

PART 1

03 くり上がりのあるたし算(2ケタ+1ケタ)

問題 次の計算をしましょう。

79＋6

ここが大切！

2ケタ＋1ケタも、さくらんぼ計算を使って解ける！

解きかたと答え

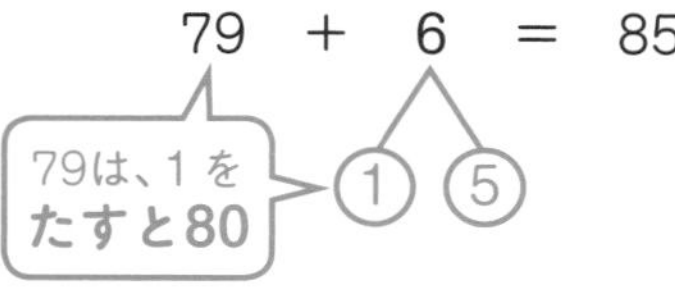

キリのいい数を作れば計算しやすいんだね！

①6の下にさくらんぼをかき、6を1と5に分けて、中に書く
②79に1をたして、80
③80とさくらんぼの残りの5をたして答えは85

答え 85

教えるときのポイント！

2ケタ＋1ケタも暗算できるようになろう！

小学2年生の教科書では、「79＋6」のような2ケタ＋1ケタの計算を、筆算で解く方法が紹介されています。「79＋6」を筆算で解くには、紙と鉛筆を用意して、式を書いて、計算して…と、時間がかかります。

一方、ここで解説したように、2ケタ＋1ケタの計算は、さくらんぼ計算を使って、筆算を使わずに解くこともできます。**慣れれば、2ケタ＋1ケタを暗算できるようになる**ので、さくらんぼ計算を使って解くことをおすすめします。

04 たし算の筆算(2ケタ+2ケタ)

2年生

問題 次の計算をしましょう。

```
  67
+85
```

ここが大切！

意味を理解したうえで、2ケタ+2ケタの筆算をしよう！

解きかたと答え

```
③ 1
   6 7 ①
 + 8 5
 1 5 2
  ④  ②
```

①一の位の７と５をたして、12

②12の一の位の２だけを下に書く

③12の十の位の１は、６の上に書く

④くり上げた１と、十の位の６と８をたした15を下に書く

答え 152

教えるときのポイント！

どうして、筆算で２ケタ＋２ケタの計算ができるの？

２ケタ＋２ケタの筆算は、計算過程がシンプルなので、やりかただけ覚えて、機械的に解くお子さんも多いです。しかし、数に対する感覚を鍛えるためにも、「どうして筆算で解けるのか？」を理解したうえで筆算することをおすすめします。

例えば、67＋85なら、右下のように一の位と十の位をそれぞれ分けて、２段で筆算することもできます。

ただ、このように２段で筆算すると時間がかかるので、７と５をたした12の十の位の１をくり上げて、１段で筆算するのです。

```
   67
 + 85
   12   一の位の「７＋５」を計算
  140   十の位の「60+80」を計算
  152
```

PART 1

05 たし算の筆算(3ケタ＋3ケタ)

3年生

問題 次の計算をしましょう。

```
  869
+754
```

ここが大切！

3ケタ＋3ケタの筆算も、
計算の流れは2ケタ＋2ケタの筆算と同じ！

解きかたと答え

```
⑤ 1 1 ③
  8 6 9 ①
+ 7 5 4
 1 6 2 3
 ⑥  ④ ②
```

①一の位の9と4をたして、13
②13の一の位の3だけを下に書く
③13の十の位の1は、6の上に書く
④くり上げた1と、十の位の6と5をたした12の一の位の2を下に書く
⑤12の十の位の1は、8の上に書く
⑥くり上げた1と、百の位の8と7をたした16を下に書く

答え **1623**

教えるときのポイント！

3ケタ＋3ケタの筆算でつまずいたらどうする？

3ケタ＋3ケタの筆算も、計算の流れは2ケタ＋2ケタの筆算と同じです。ですから、3ケタ＋3ケタの筆算でつまずくようなら、2ケタ＋2ケタや3ケタ＋2ケタの筆算に戻って練習しましょう。反復練習をしながら、少しずつ計算のレベルを上げていけば、計算力が着実についていきます。

PART 1

06 くり下がりのある引き算 その1 1年生

問題 次の計算をしましょう。

17－9

ここが大切！

くり下がりのある引き算は「何を引くと10になるか」を考えて解こう！

解きかたと答え

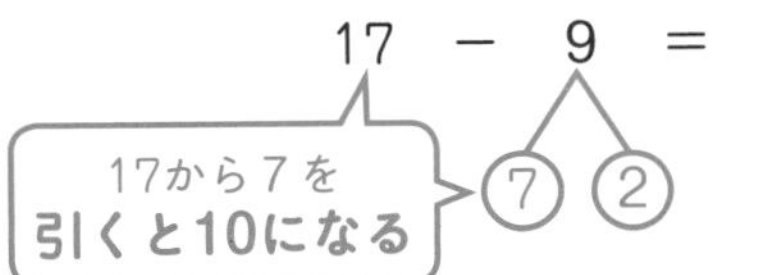

①9の下にさくらんぼをかき、9を7と2に分けて、中に書く
②17から7を引いて、10
③10から2を引いて、答えは8

答え 8

教えるときのポイント！

「何を引くと10になるか」を考えるのがポイント！

例にあげた「17－9」の計算では、「17から何を引くと10になるか」を考えるのがコツです。17から「一の位の7」を引けば10になるということは、比較的理解しやすいでしょう。9を7と2に分けたので、10から2を引けば、答えの8が求められます。
くり下がりのある「10以上（18以下）の数－1ケタ」の計算は、「何を引くと10になるか」を同じように考えながら解くと、スムーズに計算できます。

用語解説
差（さ）……引き算の答え。例えば、17と9の差は8

PART 1

07 くり下がりのある引き算 その2

問題 次の計算をしましょう。

63－8

ここが大切！

くり下がりのある2ケタ－1ケタも、
さくらんぼ計算で解ける！

解きかたと答え

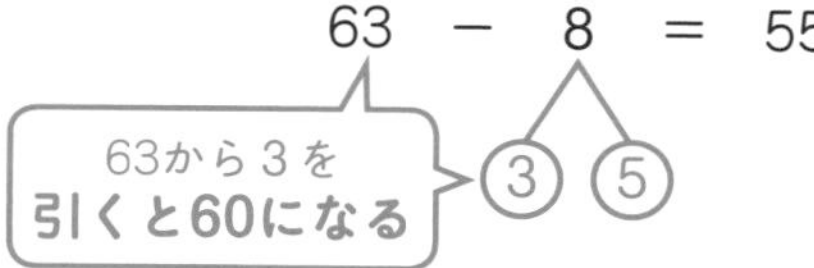

①8の下にさくらんぼをかき、8を3と5に分けて、中に書く
②63から3を引いて、60
③60から5を引いて、答えは55

答え 55

教えるときのポイント！

2ケタ－1ケタも暗算できるようになろう！

小学2年生の教科書では、「63－8」のような2ケタ－1ケタの計算を、筆算で解く方法が紹介されています。ただし、「63－8」を筆算で解くためには、少し時間がかかります。

一方、この項目で解説したように、2ケタ－1ケタの計算は、さくらんぼ計算を使って、筆算を使わずに解くこともできます。**慣れれば、2ケタ－1ケタを暗算できるようになる**ので、さくらんぼ計算を使って解くことをおすすめします。

PART 1
08 引き算の筆算（2ケタ－2ケタ）

2年生

問題 次の計算をしましょう。

```
  65
－27
```

ここが大切！

意味を理解したうえで、2ケタ－2ケタの筆算をしよう！

解きかたと答え

```
③ 5
   6̸5  ①
 －27
   38
   ④②
```

①一の位の5から7は引けない
②65の十の位の6から1をかりて、15－7＝8を下に書く
③65の十の位の6は1かしたので、5になる
④十の位の5から2を引いた、3を下に書く

答え 38

教えるときのポイント！

くり下がりのある2ケタ－2ケタを筆算で計算できる理由

筆算を使って、くり下がりのある引き算の計算ができる理由を言えますか？
例えば、「65－27」の筆算では、まず一の位の5から7が引けません。そこで、65を15と50に分けます。15－7＝8なので、答えの一の位は8です。また、50－20＝30なので、答えの十の位は3です。これにより、「65－27」の答えが38と求められます。

65を15と50に分ける

65 < 15－7＝8 ← 8が答えの一の位
　　 50－20＝30 ← 3が答えの十の位
} 答えは38

他のくり下がりのある引き算の筆算も、同じように説明できます。ただ機械的に計算するのではなく、筆算で引き算ができる理由をおさえたうえで計算をしていきましょう。

PART 1

09 引き算の筆算(3ケタ－3ケタ)

3年生

問題 次の計算をしましょう。

$$\begin{array}{r} 824 \\ -568 \\ \hline \end{array}$$

ここが大切！

3ケタ－3ケタの筆算も、
計算の流れは2ケタ－2ケタの筆算と同じ！

解きかたと答え

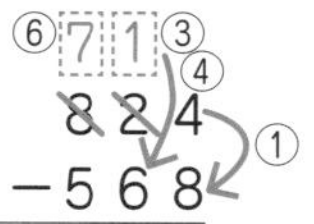

① 一の位の4から8は引けない
② 824の十の位の2から1をかりて、14－8＝6を下に書く
③ 824の十の位の2は1をかしたので、1になる
④ 十の位の1から6は引けない
⑤ 824の百の位の8から1をかりて、11－6＝5を下に書く
⑥ 824の百の位の8は1をかしたので、7になる
⑦ 百の位の7から5を引いた、2を下に書く

答え 256

教えるときのポイント！

3ケタ－3ケタの筆算でつまずいたときの対処法(たいしょほう)とは？

3ケタ－3ケタの筆算も、計算の流れは2ケタ－2ケタの筆算と同じです。
ただ、計算のステップが増えることによって、ケアレスミスが増えることも確かです。「上下をきちんとそろえて筆算する」「上の位から1をかりたときは、それがわかるように、はっきりと書く」ということに注意して、確実に正解を出せるように反復練習していきましょう。

1をかりたら、
わかるように
はっきり書く！

$$\begin{array}{r} 71 \\ \not{8}\not{2}4 \\ -568 \\ \hline 256 \end{array}$$

上下をそろえて筆算しよう！

PART 1

10 キリのいい数から引く「おつり暗算法」 発展

問題 次の計算をしましょう。

1000−318

ここが大切！

1000や10000などの**キリのいい数から引く計算**は、**おつり暗算法**で解こう！

解きかたと答え

```
  9 9
 1 0 0 0
−  3 1 8
   6 8 2
```

くり下がりがややこしい！

「1000 − 318」を筆算で解こうとすると、左のように、くり下がりがややこしくなります。

一方、**「1000から引くこと」は「999から引いて1をたすこと」と同じ**であることを知っていると、次のように、くり下がりがない計算になり、**慣れると暗算でも解ける**ようになります。これが「**おつり暗算法**」です。

1000−318
＝**999−318+1**
＝681+1＝682

999から引いて、最後に1をたす

答え 682

教えるときのポイント！

おつり暗算法の、もう1つの計算法とは？

おつり暗算法には、もう1つの考えかたがあります。それは、「**十の位以上は9から引いて、一の位だけ10から引く**」という方法です。この方法で、「1000 − 318」を解くと、次のようになります。

① 318の百の位の3を、9から引いて6
② 318の十の位の1を、9から引いて8
③ 318の一の位の8を、10から引いて2

9から引く ← | → 10から引く
3（百の位 ①） 1（十の位 ②） 8（一の位 ③）

これにより、「1000 − 318 ＝ 682」とスムーズに求めることができます。

PART 1

11 かけ算の筆算(2ケタ×1ケタ)

3年生

問題 次の計算をしましょう。

```
  35
×  9
────
```

ここが大切！

意味を理解したうえで、2ケタ×1ケタの筆算をしよう！

解きかたと答え

ステップ1

まず「9 × 5 ＝ 45」の一の位の5を下に書く。45の十の位の4は、くり上げる。慣れないうちは、この4を5の左上に小さく書く。

```
  35
×  9   かける
────
   ⁴5
```

ステップ2

次に「9 × 3 ＝ 27」の27に、くり上げた4をたして、31にする。この31を下に書き、答えが315と求められる。

```
  35
×  9   かける
────
 31⁴5
```

答え 315

教えるときのポイント！

どうして、筆算で2ケタ×1ケタの計算ができるの？

かけ算の筆算は、次の項目で習う分配法則（ぶんぱいほうそく）を利用した計算法です。

35 × 9を、分配法則を使って解くと、次の「=」でつないだ式のようになります。

35×9＝(30＋5)×9＝30×9＋5×9＝270＋45＝315

これを筆算に表すと、右のように2段の筆算になります。

2段にして計算すると時間がかかるので、まとめて1段で計算できるようにしたのが、今の2ケタ×1ケタの筆算の形です。

```
   35
×   9
─────
   45 ←5×9
  270 ←30×9
─────
  315
```

用語解説

積（せき）……かけ算の答え。例えば、35と9の積は315

PART 1
12 分配法則（計算のきまり その1）

ぶんぱいほうそく

4年生

問題 次の計算を、分配法則を使って解きましょう。

103×8

ここが大切！

分配法則を使えば、暗算できる計算が一気に増える！

解きかたと答え

分配法則とは、次のような計算のきまりです。

【分配法則】△をどちらにもかけてたす

(□＋○)×△＝□×△＋○×△　　　△×(□＋○)＝△×□＋△×○

分配法則を使うと、筆算を使わずに答えが求められることがあります。

103 × 8　（103＝100＋3）
＝ (100 ＋ 3) × 8　（8をどちらにもかけてたす）
＝ 100 × 8 ＋ 3 × 8 ＝ 800 ＋ 24 ＝ 824

答え 824

教えるときのポイント！

分配法則の引き算バージョンもおさえよう！

上で説明したことを「たし算バージョン」とすると、分配法則には、次のような「引き算バージョン」も存在します。

[分配法則（引き算）] △をどちらにもかけて引く

(□−○)×△＝□×△−○×△　　　△×(□−○)＝△×□−△×○

この「引き算バージョン」を使うと、次のような計算を、筆算を使わずに解くことができます。筆算を使わないため、慣れるとこれらの計算を暗算できるようになります。

[例]　96 × 7　（96＝100−4）
＝ (100 − 4) × 7 ＝ 100 × 7 − 4 × 7 ＝ 700 − 28 ＝ 672　（7をどちらにもかけて引く）

PART 1

13 2ケタ×1ケタの暗算

問題 次の計算を、分配法則を使って解きましょう。

43×6

ここが大切！

分配法則を使えば、すべての2ケタ×1ケタが暗算できるようになる！

解きかたと答え

ひとつ前のページで解説した分配法則を使えば、次のように、筆算を使わずに「2ケタ×1ケタ」を計算できるようになります。

43 × 6（43＝40＋3）

＝（40 ＋ 3）× 6（6をどちらにもかけてたす）

＝ 40 × 6 ＋ 3 × 6 ＝ 240 ＋ 18 ＝ 258

答え 258

教えるときのポイント！

すべての2ケタ×1ケタを暗算できるようになろう！

28ページで紹介したように、小学校では2ケタ×1ケタを筆算で解くように教えられることが多いです。一方、この項目で解説したように、分配法則を使えば、すべての2ケタ×1ケタを、筆算を使わずに計算できます。慣れると、すべての2ケタ×1ケタを暗算できるようになります。2ケタ×1ケタの暗算に慣れれば、計算のスピードはぐんぐん上がります。

また、ひとつ前のページの 教えるときのポイント！ の分配法則の「引き算バージョン」を使うと、次のような計算も、筆算を使わずに解くことができます。

［例］ 79 × 4（79＝80－1）

＝（80 － 1）× 4 ＝ 80 × 4 － 1 × 4 ＝ 320 － 4 ＝ 316（4をどちらにもかけて引く）

PART 1

14 かけ算の筆算(2ケタ×2ケタ)

3年生

問題 次の計算をしましょう。

```
  68
× 34
```

ここが大切！

意味を理解したうえで、2ケタ×2ケタの筆算をしよう！

解きかたと答え

ステップ1

まず「68 × 4」の筆算をして、272 を下に書く

```
  68
× 34
 272   ← 68×4の筆算の結果
```

ステップ2

次に「68 × 3」の筆算をして、204 を左に1ケタずらして書く

```
   68
 × 34
  272
 204   ← 68×3の筆算の結果
```

ステップ3

位に注意して上下の数をたす

```
   68
 × 34
  272
 204
 2312
```

答え　2312

教えるときのポイント！

どうして、筆算で2ケタ×2ケタの計算ができるの？

2ケタ×2ケタの筆算も、分配法則（29ページ）を利用した計算法です。68 × 34 を、分配法則を使って解くと、次の「＝」でつないだ式のようになります。

68 × 34 ＝ 68 × (30 ＋ 4) ＝ 68 × 30 ＋ 68 × 4 ＝ 2040 ＋ 272 ＝ 2312

そして、これを筆算に表すと、右下のようになります。

この筆算で出てくる 2040 の一の位の 0 は、消しても計算結果は変わりません。ですから、上のステップ2で、204 を左に1ケタずらして書くのです。

```
            68
          × 34
68×4 →     272
68×30 →   2040
          2312
```

この0はなくても答えは同じ（左に1ケタずらす理由）

PART 1

15 かけ算の筆算(3ケタ×2ケタ)

3年生

問題 次の計算をしましょう。

$$\begin{array}{r} 526 \\ \times \quad 87 \\ \hline \end{array}$$

ここが大切！

ステップごとの計算量が多くなるので、
慎重(しんちょう)に解いてケアレスミスをなくそう！

解きかたと答え

ステップ1
まず「526 × 7」の筆算をして、3682を下に書く

$$\begin{array}{r} 526 \\ \times \quad 87 \\ \hline 3682 \end{array}$$

3 6[1]8[4]2 ← 526×7の筆算の結果

ステップ2
次に「526 × 8」の筆算をして、4208を左に1ケタずらして書く

$$\begin{array}{r} 526 \\ \times \quad 87 \\ \hline 3682 \\ 4208 \end{array}$$

4 2[2]0[4]8 ← 526×8の筆算の結果

ステップ3
位に注意して上下の数をたす

$$\begin{array}{r} 526 \\ \times \quad 87 \\ \hline 3682 \\ 4208 \\ \hline 45762 \end{array}$$

答え 45762

教えるときのポイント！

3ケタ×2ケタの筆算は、ケアレスミスに気をつけよう！

3ケタ×2ケタの筆算の計算の流れは、2ケタ×2ケタの筆算と基本的には同じです。ただし、ステップごとの計算量が多くなるので、慎重に解いて確実に正解を求める必要があります。

「上下をきちんとそろえて筆算する」「字をていねいに書く（1と7、0と6などをしっかり区別できるように書く）」などに注意しながら、すばやく正確に解けるように練習していきましょう。

$$\begin{array}{r} 526 \\ \times \quad 87 \\ \hline 3682 \\ 4208 \\ \hline 45762 \end{array}$$

上下をそろえて筆算しよう！

PART 1

16 19×19まで暗算できる「おみやげ算」 発展

問題 次の計算を暗算で解きましょう。

18×16

ここが大切！

おみやげ算を使えば、
十の位が1の2ケタどうしのかけ算が暗算できる！

解きかたと答え

ステップ1

18 × 16 の右の「16 の一の位の 6」を、おみやげとして、左の 18 に渡す
そうすると、18 × 16 が 24 × 10 になる

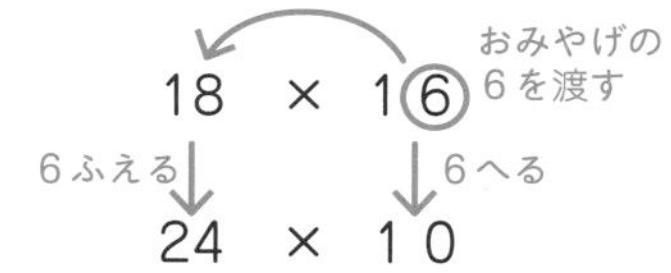

ステップ2

24 × 10 を計算すると、240

ステップ3

その 240 に、「18 の一の位の 8」と「おみやげの 6」をかけた 48 をたすと、「18 × 16」の答えが 288 と求められる

$$240 + 8 \times 6 = 240 + 48 = 288$$

18の一の位の8　おみやげの6　18×16の答え

答え 288

教えるときのポイント！

おみやげ算で 19 × 19 までの暗算をできるようになろう！

日本では、九九によって 9 × 9 までの答えを暗記します。一方、IT 大国のインドでは、19 × 19 までの答えを暗記するそうです。
この項目で紹介した「おみやげ算」をマスターすれば、「十の位が 1 の 2 ケタどうしのかけ算」をすべて、筆算を使わずに、頭の中で計算できるようになります。
19 × 19 までを暗算できるようになって、計算力を伸ばしていきましょう！

PART 1

17 十の位が同じ2ケタ×2ケタの暗算 発展

問題 次の計算を暗算で解きましょう。

53×57

ここが大切！

おみやげ算を使えば、
十の位が同じ2ケタどうしのかけ算も暗算できる！

解きかたと答え

ステップ1

53 × 57 の右の「57 の一の位の 7」を、おみやげとして、左の 53 に渡す。そうすると、53 × 57 が 60 × 50 になる

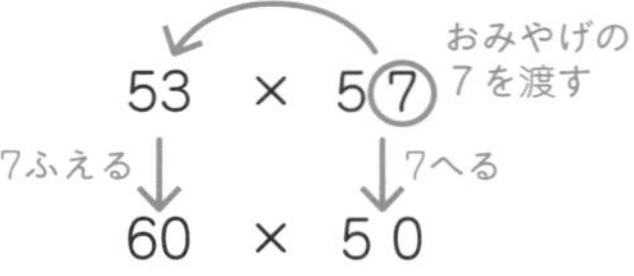

ステップ2

60 × 50 を計算すると、3000

ステップ3

その 3000 に、「53 の一の位の 3」と「おみやげの 7」をかけた 21 をたすと、「53 × 57」の答えが 3021 と求められる

3000 ＋ 3 × 7 ＝ 3000 ＋ 21 ＝ 3021

53の一の位の3　おみやげの7　53×57の答え

答え 3021

教えるときのポイント！

おみやげ算を使えば、2ケタの数の2乗の暗算もできる！

この項目では、53 × 57 のように、十の位が同じ2ケタどうしのかけ算も、おみやげ算によって、頭の中で計算できることを解説しました。十の位が同じ2ケタどうしのかけ算ができるということは、例えば、「75 × 75」のような2ケタの数の2乗の計算（同じ数を2回かける計算）も、おみやげ算で解くことができるということです。試してみてください。

PART 1

18 整数の割り算

3年生

問題 次の計算を解きましょう。

21÷3

ここが大切！

商の意味は「割り算」ではなく、
「割り算の答え」であることをおさえよう！

解きかたと答え

答えを□とすると、「21 ÷ 3 ＝□」となります。
「21 ÷ 3 ＝□」は、「21 の中に 3 が□こある」という意味です。
だから、「21 ÷ 3 ＝□」は「3 ×□＝ 21」という式に変形できます。
3 に何をかけたら 21 になるか、九九の 3 の段を思いうかべながら考えると、□は 7 だとわかります。

21 ÷ 3 ＝□
↓ 式を変形
3 ×□＝ 21

3に何をかけたら21になるかを考えよう！

答え 7

教えるときのポイント！

割られる数、割る数、商のそれぞれの意味をおさえよう！

「21 ÷ 3 ＝ 7」という計算で、21 を「割られる数」、3 を「割る数」、7 を「商」といいます。

21 ÷ 3 ＝ 7
↑ 割られる数　↑ 割る数　↑ 商（割り算の答え）

「商の意味は何？」と聞かれて「割り算」と答える生徒がいますが、それは間違いです。商の意味は「割り算の答え」なので、しっかりおさえましょう。ちなみに、和が「たし算の答え」、差が「引き算の答え」、積が「かけ算の答え」という意味であることもそれぞれ知っておくことをおすすめします。

PART 1

19 あまりのある整数の割り算

問題 次の計算をしましょう。あまりが出る場合は、あまりも出してください。

23÷5

ここが大切！

割り算の「あまり」は、「割る数」より小さいのがポイント！

解きかたと答え

商を□、あまりを△とすると、「23 ÷ 5 ＝□あまり△」となります。

「23 ÷ 5 ＝□あまり△」は、「23 の中に 5 が□こあって、△があまる」という意味です。

だから、「23 ÷ 5 ＝□あまり△」は「5 ×□＋△＝ 23」という式に変形できます。

5 に何をかけたら「23 より小さくて最大の数」になるか、九九の 5 の段を思いうかべながら考えると、□は 4 だとわかります（5 × 4 ＝ 20）。

23 － 20 ＝ 3 から、「23 の中に 5 が 4 こあって、3 があまる」ことがみちびけます。

23 ÷ 5 ＝□あまり△

↓ 式を変形

5 ×□＋△＝ 23

あまり

できるだけ大きい数にする

答え　4あまり3

教えるときのポイント！

割り算の「あまり」は、「割る数」より小さい！

「割り算のあまりは、割る数より小さい」という鉄則（てっそく）があります。

例えば、「23 ÷ 5」の計算をするときに、「23 の中に 5 が 3 つあって、8 あまる（5 × 3 ＋ 8 ＝ 23）」と考えて、「3 あまり 8」と答える人がいます。

「3 あまり 8」の場合、「あまりの 8」が「割る数の 5」より大きいので、間違いです。

これは、あまりのある割り算に慣れていない人がしがちなミスなので、注意しましょう。

23 ÷ 5 ＝ 3 あまり 8

あまりが5より大きいから×

23 ÷ 5 ＝ 4 あまり 3

あまりが5より小さいから○

PART 1

20 割り算の筆算（2ケタ÷1ケタ）

4年生

問題 次の計算をしましょう。あまりが出る場合は、あまりも出してください。

6) 83

ここが大切！

割り算の筆算は上下をそろえて計算しよう！

解きかたと答え

① 83の十の位の8を6で割ったときの商は1。この1を、商の十の位にたてる（8 ÷ 6 = 1 あまり 2）

1 ←8を6で割った商
6) 83

② 1と「割る数の6」をかけた6を、8の下に書く

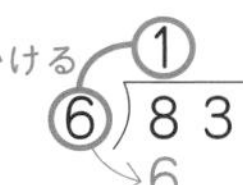

③ 8から6を引いた2を下に書き、83の一の位の3を下におろしてくる

1
6) 83
6
23
3をおろす
8から6を引く

④ 23を6で割ったときの商は3。この3を、商の一の位にたてる（23 ÷ 6 = 3 あまり 5）

13 ←23を6で割った商
6) 83
6
23

⑤ 3と「割る数の6」をかけた18を、23の下に書く

かける
13
6) 83
6
23
18

⑥ 23から18を引いて、あまりは5

13 ←商
6) 83
6
23
18
5 ←あまり

答え　13あまり5

教えるときのポイント！

割り算の筆算は、上下をそろえて計算しよう！

割り算の筆算をするとき、はじめはマス目のある紙で練習して、慣れてきたら、マス目のない紙を使って、上下をそろえて計算する練習をしましょう。

PART 1

21 割り算の筆算（2ケタ÷2ケタ）

4年生

問題 次の計算をしましょう。あまりが出る場合は、あまりも出してください。

14）79

ここが大切！

2ケタ×1ケタの暗算（30ページ）を、
商の見当に活かそう！

解きかたと答え

① 79を14で割ったときの商が何になるか見当をつけて、商に5をたてる

5←79を14で割った商

14）79

② 5と「割る数の14」をかけた70を、79の下に書く

③ 79から70を引いて、あまりは9

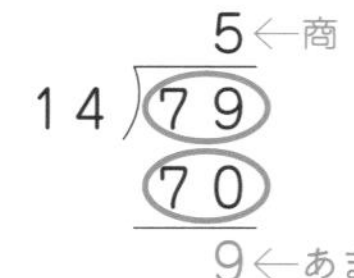

答え　5あまり9

教えるときのポイント！

2ケタの数で割るときの商の見当をどのようにつける？

上の解きかたと答えの①で「79を14で割ったときの商が何になるか見当をつける」必要がありました。この見当を間違えると、計算し直すことになり、時間がかかります。商の見当を1回でつけるためには、30ページで解説した「分配法則を使った2ケタ×1ケタの暗算」が有効です。

例えば、「79 ÷ 14」の計算では、「14 × 5 = 70」を暗算できれば、「商に5をたてればよい」ことがすぐにわかります。

PART 1

22 割り算の筆算（3ケタ÷2ケタ）

4年生

問題 次の計算をしましょう。あまりが出る場合は、あまりも出してください。

27）802

ここが大切！

3ケタ÷2ケタの商の見当も、30ページの暗算が役立つ！

解きかたと答え

① 80を27で割ったときの商が何になるか見当をつけて、商の十の位に2をたてる

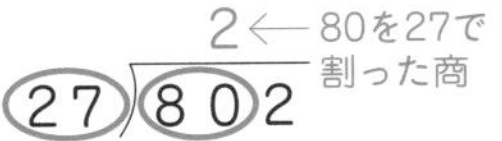

② 2と「割る数の27」をかけた54を、80の下に書く

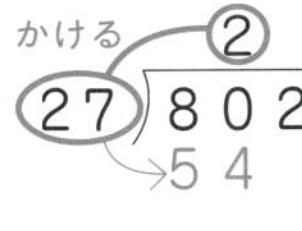

③ 80から54を引いた26を下に書き、802の一の位の2を下におろしてくる

2
27）802
54　2をおろす
262

④ 262を27で割ったときの商が何になるか見当をつけて、商の一の位に9をたてる

29←262を27で割った商
27）802
54
262

⑤ 9と「割る数の27」をかけた243を、262の下に書く

かける
29
27）802
54
262
243

⑥ 262から243を引いて、あまりは19

29←商
27）802
54
262
243
19←あまり

答え　29あまり19

教えるときのポイント！

3ケタ÷2ケタの商の見当でも「2ケタ×1ケタの暗算」を使おう！

上の解きかたと答えの④で「27 × 9 = 243」の暗算ができれば、商の一の位に9をたてられるので、「2ケタ×1ケタの暗算」を積極的に使っていきましょう。

PART 1

23 計算の順序(じゅんじょ)(×と÷は、+と－より先に) 4年生

問題 次の計算をしましょう。

20÷10+2×18

ここが大切！

計算の順序のルールを知って、
正しい順で計算できるようになろう！

解きかたと答え

計算の順序で大事なのは、次の3つのルールです。

1 ふつうは、左から計算する
2 ×と÷は、+と－より先に計算する
3 かっこのある式では、かっこの中を一番先に計算する

この問題では、1と2のルールを使いましょう。
右のように計算の順に、①から番号をつけます。
①～③の順に計算すると、次のようになります。

20 ÷ 10 + 2 × 18
　　①　　③　②

　20 ÷ 10 + 2 × 18
= 2 + 2 × 18 ← 20÷10を計算
= 2 + 36 ← 2×18を計算
= 38

答え 38

教えるときのポイント！

「計算の順序をもとに式を作れる」ようになろう！

計算の順序（3つのルール）を知ることは大切です。そして、さらに大事なのは、計算の順序をもとに式を作れるようになることです。
例えば、「80円のチョコレート1つと、30円のあめ5つを買いました。代金の合計はいくらですか。」という問題で、「80 + (30 × 5)」のようにかっこをつけるのも間違いではないのですが、「80 + 30 × 5」のように、かっこをつけない式を書けるように練習しましょう。

PART 1

24 計算の順序(かっこのある式)

問題 次の計算をしましょう。

$6+(10-9\div3)\times(2+3)$

ここが大切！

かっこのある式では、かっこの中を一番先に計算しよう！

解きかたと答え

この問題では、ひとつ前の項目の1と2のルールに加えて、3の「かっこのある式では、かっこの中を一番先に計算する」というルールも使って計算しましょう。

計算の順に、①から番号をつけます。

6 ＋ (10 － 9 ÷ 3) × (2 ＋ 3)
⑤ ② ① ④ ③

①～⑤の順に計算すると、次のようになります。

6 ＋ (10 － 9 ÷ 3) × (2 ＋ 3) ← 9÷3を計算
＝6 ＋ (10 － 3) × (2 ＋ 3) ← 10－3を計算
＝6 ＋ 7 × (2 ＋ 3) ← 2＋3を計算
＝6 ＋ 7 × 5 ← 7×5を計算
＝6 ＋ 35
＝41

答え 41

教えるときのポイント！

かっこをつける位置をかえて、練習してみよう！

上の問題のかっこの位置をかえると、例えば「(6 ＋ 10) － 9 ÷ (3 × 2 ＋ 3)」となります。かっこの位置をかえると、計算の順序も、答えも大きく変わります。かっこの位置を変えて練習すると、かっこの意味をより知ることができます。

(6 ＋ 10) － 9 ÷ (3 × 2 ＋ 3) ← 6＋10を計算
＝16 － 9 ÷ (3 × 2 ＋ 3) ← 3 × 2を計算
＝16 － 9 ÷ (6 ＋ 3) ← 6 ＋ 3を計算
＝16 － 9 ÷ 9 ← 9 ÷ 9を計算
＝16 － 1
＝15

PART 1

25 たし算の交換法則(計算のきまり その2) 2、4年生

問題 次の計算を、交換法則を使って解きましょう。

38+156+62

ここが大切！

たし算だけの式は、数を並べかえても答えは同じになる！

解きかたと答え

たし算だけの式（または、かけ算だけの式）では、数を並べかえても答えは同じになります。これを交換法則といいます。

交換法則を使って、「38 + 156 + 62」を解くと、次のようにスムーズに計算することができます。

38 + 156 + 62 （数を並べかえる）
= 38 + 62 + 156 （38+62を計算）
= 100 + 156
= 256

答え 256

教えるときのポイント！

交換法則を使えば、計算がすばやく正確になる！

「38 + 156 + 62」を、交換法則を使わずに、左から順に計算すると、少し手間がかかります。38 + 156 = 194、194 + 62 = 256 という計算をする必要があるからです。

一方、38 と 62 をたせば 100 になることに気づいて、交換法則を使えば、100 + 156 = 256 とスムーズに計算できます。

「たし算だけの式は、数を並べかえても答えは同じになる」というきまりをおさえて、計算をすばやく正確にしていきましょう！

26 かけ算の交換法則(計算のきまり その3) 3、4年生

問題 次の計算を、交換法則を使って解きましょう。

25×558×4

ここが大切！

かけ算だけの式も、数を並べかえても答えは同じになる！

解きかたと答え

かけ算だけの式でも交換法則は成り立ちます。つまり、**かけ算だけの式も、数を並べかえても答えは同じ**になります。

「25 × 558 × 4」を左から順に解くと、ややこしい計算になりますが、交換法則を使って、「25 × 558 × 4」を解くと、次のようにスムーズに計算することができます。

25 × 558 × 4 （数を並べかえる）
＝ 25 × 4 × 558 （25×4(＝100)を計算）
＝ 100 × 558
＝ 55800

答え 55800

教えるときのポイント！

引き算と割り算では、交換法則は成り立たないことに注意！

たし算だけの式（または、かけ算だけの式）では、交換法則が成り立つので、数を並べかえても答えは同じになります。

例えば、3 ＋ 2 ＝ 2 ＋ 3、3 × 2 ＝ 2 × 3 はどちらも成り立ちます。一方、引き算と割り算では、どちらも交換法則は成り立たないことに注意しましょう。

例えば、3 − 2（＝ 1）と 2 − 3（＝− 1）の答えは同じではありません（2 − 3 ＝− 1 は中学数学の範囲です）。また、3 ÷ 2 $\left(=\frac{3}{2}\right)$ と 2 ÷ 3 $\left(=\frac{2}{3}\right)$ の答えは同じではありません。

PART 1

27 たし算の結合法則(計算のきまり その4)

2、4年生

問題 次の計算を、結合法則を使って解きましょう。

7+8+2+1+9

ここが大切！

たし算だけの式は、
どこにかっこをつけても答えは同じになる！

解きかたと答え

たし算だけの式（または、かけ算だけの式）では、どこにかっこをつけても答えは同じになります。これを結合法則といいます。記号を使って結合法則を表すと、次のようになります。

○+□+△=（○+□）+△=○+（□+△）

どこにかっこをつけても答えは同じ

結合法則を使って、「7＋8＋2＋1＋9」を解くと、次のようにスムーズに計算することができます。

7＋8＋2＋1＋9
＝7＋（8＋2）＋（1＋9）　かっこをつける
＝7＋10＋10　8＋2（＝10）、1＋9（＝10）をそれぞれ計算
＝27

答え 27

教えるときのポイント！

結合法則を使って、すばやく正確に計算しよう！

「7＋8＋2＋1＋9」を、結合法則を使わずに計算すると、少し手間がかかります。7＋8＝15、15＋2＝17、17＋1＝18、18＋9＝27という計算をする必要があるからです。

一方、「8＋2」と「1＋9」の答えが10になることに気づいて、結合法則を使えば、7＋10＋10＝27とスムーズに計算できます。

「たし算だけの式は、どこにかっこをつけても答えは同じになる」というきまりをおさえて、すばやく正確な計算力を身につけましょう！

28 かけ算の結合法則(計算のきまり その5) 3、4年生

問題 次の計算を、結合法則を使って解きましょう。

9×15×2

ここが大切！

かけ算だけの式も、
どこにかっこをつけても答えは同じになる！

解きかたと答え

かけ算だけの式でも結合法則は成り立ちます。つまり、**かけ算だけの式も、どこにかっこをつけても答えは同じ**になります。

○×□×△＝（○×□）×△＝○×（□×△）

どこにかっこをつけても答えは同じ

結合法則を使って「9 × 15 × 2」を解くと、次のようにスムーズに計算することができます。

9 × 15 × 2　かっこをつける
＝9 ×（15 × 2）　15× 2（＝30）を計算
＝9 × 30
＝270

答え　270

教えるときのポイント！

引き算と割り算では、結合法則も成り立たないことに気をつけよう！

たし算だけの式（または、かけ算だけの式）では、結合法則が成り立つので、どこにかっこをつけても答えは同じになります。例えば、(2＋3) ＋4＝2＋(3＋4)、(2 × 3) × 4 ＝ 2 × (3 × 4) はどちらも成り立ちます。

一方、引き算と割り算では、どちらも結合法則は成り立たないことに注意しましょう。例えば、(2 − 3) − 4 と 2 − (3 − 4) の答えは同じではありません（答えは − 5 と 3。どちらも中学数学の範囲）。また、2 ÷ (3 ÷ 4) と (2 ÷ 3) ÷ 4 の答えも同じではありません（答えは $2\frac{2}{3}$ と $\frac{1}{6}$）。

PART 1

29 大きい数

問題 それぞれの数を、数字で書きましょう。

（1）三十億六千五十一万二十

（2）七百四兆九百億二千八百七万三百五

ここが大切！

大きい数は、**右から4ケタごと**に区切って考えよう！

解きかたと答え

大きい数は、次のように、右から4ケタごとに区切った表に数を入れて考えましょう。

（1）と（2）の数を、表にあてはめると、次のようになります。

右から4ケタごとに区切って考える

	千兆の位	百兆の位	十兆の位	一兆の位	千億の位	百億の位	十億の位	一億の位	千万の位	百万の位	十万の位	一万の位	千の位	百の位	十の位	一の位
（1）→							3	0	6	0	5	1	0	0	2	0
（2）→		7	0	4	0	9	0	0	2	8	0	7	0	3	0	5

（1）の答え 3060510020　（2）の答え 704090028070305

教えるときのポイント！

テストなどでは、右から4ケタごとに、たて線を引いて解こう！

テストなどで、上のような問題を解くとき、上記の表をそのつど書くのは時間がかかります。ですから次のように、右から4ケタごとに、たて線を引いて考えるようにすると、すばやく解けるようになります。ただし、テストの解答欄では、たて線を消して、数だけを書くようにしましょう。

（1）30 | 6051 | 0020（億　万）

（2）704 | 0900 | 2807 | 0305（兆　億　万）

たて線を引いて考える

PART 1

30 四捨五入(ししゃごにゅう)して、〜の位(くらい)までのがい数にする 4年生

問題 83549を四捨五入して、千の位までのがい数にしましょう。

ここが大切！

四捨五入して、**「〜の位までのがい数」**にしよう！

解きかたと答え

がい数とは、**およその数のこと**です。例えば、3027 は、3000 に近いので、「3027 をがい数にすると、3000 である」といった言いかたをします。

ある数をがい数にする方法のひとつが、**四捨五入**です。

四捨五入して、「〜の位までのがい数」にする問題は、次の２ステップで解けます。

ステップ 1

「千の位」のひとつ下の
「百の位」の数に注目する

83549 の「百の位の 5」に注目します。

千の位 までのがい数にするとき
↓ひとつ下の位
百の位 の数に注目する（８３５４９）

ステップ 2

その数が、0、1、2、3、4 なら切り捨てて、
5、6、7、8、9 なら切り上げる

ステップ 1 で注目した数が５なので、切り上げて 84000 にします。

5 に注目
８３５４９
↓1をたす（切り上げる）
８４０００
千の位まで

答え　84000

教えるときのポイント！

83549 を四捨五入して、百の位までのがい数にすると？

問題 の 83549 を「百の位までのがい数」にするとどうなるでしょうか？

ステップ 1

83549 の百の位のひとつ下の「十の位の 4」に注目する

ステップ 2

注目した数が 4 なので、切り捨てて 83500 にする

答え　83500

PART 1
31 四捨五入して、上から～ケタのがい数にする

問題 152704を四捨五入して、上から２ケタのがい数にしましょう。

ここが大切！

四捨五入して、
「上から～ケタのがい数」にする方法をおさえよう！

解きかたと答え

四捨五入して、「上から～ケタのがい数」にする問題は、次の２ステップで解けます。

ステップ1
「上から２ケタ」のひとつ下の位の「上から３ケタ目」の数に注目する
152704の「上から３ケタ目の２」に注目します。

上から［２ケタ］のがい数にするとき
↓ひとつ下の位
上から［３ケタ目］の数に注目する（１５［２］７０４）

ステップ2
その数が、0、1、2、3、4なら切り捨てて、5、6、7、8、9なら切り上げる
ステップ1で注目した数が２なので、切り捨てて150000にします。

２に注目
１５２７０４
↓切り捨てる
１５００００
上から２ケタ

答え　150000

教えるときのポイント！

152704を四捨五入して、上から３ケタのがい数にするとどうなる？

問題では「上から２ケタのがい数」にしましたが、152704を「上から３ケタのがい数」にするとどうなるでしょうか？同じように２ステップで解いてみましょう。

ステップ1 152704の「上から３ケタ」のひとつ下の位の「上から４ケタ目の７」に注目する
ステップ2 注目した数が７なので、切り上げて153000にする

7に注目
１５２７０４
↓１をたす（切り上げる）
１５３０００
上から３ケタ

答え　153000

PART 1

32 以上、以下、未満とは？

4年生

問題 次の整数をすべて答えてください。

（1）5以上10未満の整数
（2）209以上212以下の整数
（3）48より大きく、54より小さい整数

ここが大切！

以上、以下、未満のそれぞれの違いをおさえよう！

解きかたと答え

（1）「5 以上」とは、5 と等しいか、5 より大きい。
「10 未満」とは、10 より小さい（10 は入らない）。

答え　5、6、7、8、9

（2）「209 以上」とは、209 と等しいか、209 より大きい。
「212 以下」とは、212 と等しいか、212 より小さい。

答え　209、210、211、212

（3）「48 より大きい」では、48 は入らない。
「54 より小さい」では、54 は入らない。

答え　49、50、51、52、53

教えるときのポイント！

「〜未満」と「〜より小さい」の意味は同じ！

算数を指導するなかで「以上」「以下」「未満」「〜より大きい」「〜より小さい」のそれぞれの意味の区別がきちんとできていない生徒がときどきいます。これらの表現は、算数のさまざまな単元に出てきますので、早い段階で確実に区別できるようにしましょう。また、「〜未満」と「〜より小さい」の意味は同じであることも、合わせておさえましょう。

PART 2
01 小数とは？

問題 次の□にあてはまる数を書きましょう。

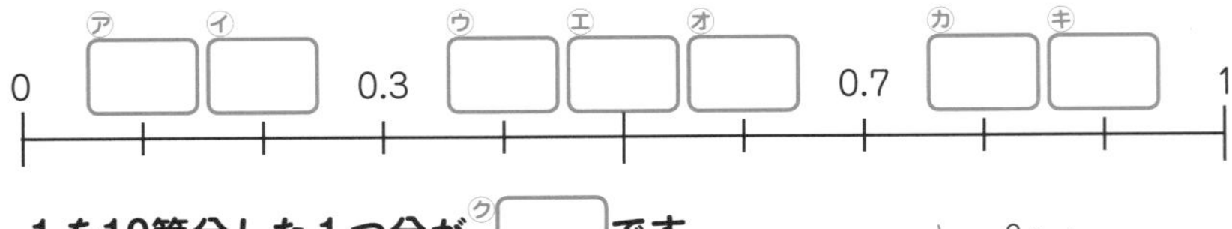

1を10等分した1つ分が ㋗□ です。

1を100等分した1つ分が ㋘□ です。

1を1000等分した1つ分が ㋙□ です。

ここが大切！

0.8、0.45、21.907などの数を、
小数といい、「.（点）」を**小数点**ということをおさえよう！

答え

㋐ 0.1　㋑ 0.2　㋒ 0.4　㋓ 0.5　㋔ 0.6

㋕ 0.8　㋖ 0.9　㋗ 0.1　㋘ 0.01　㋙ 0.001

教えるときのポイント！

小数に慣れるためのトレーニングとは？

小数を習いはじめたとき、0より大きく、1より小さい数があるということにとまどうお子さんが少なくありません。そんなときは、「0.1が何こで何になる？」という問題をたくさん出題して、小数に慣れていくのもひとつの方法です。
例えば、次のような問題です。

（1）0.1が3こで何になる？　（2）0.1が10こで何になる？

（3）0.1が51こで何になる？　（4）0.1が100こで何になる？

それぞれの答えは、（1）が0.3、（2）が1、（3）が5.1、（4）が10です。

PART 2

02 小数の位の呼びかた

3､4年生

問題 小数の位の呼びかたには、次の２種類があります。次の▢にあてはまる漢数字や数を書きましょう。

①「小数第～位」という呼びかた

2 . 3 4 5

↑一の位　↑小数点　↑小数第一位　↑小数第㋐▢位　↑小数第㋑▢位

②分数を使った呼びかた

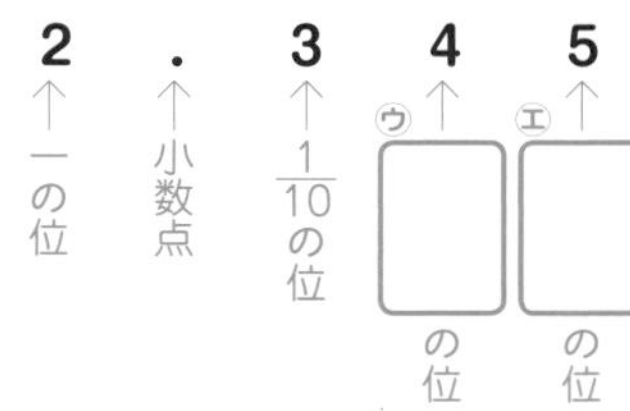

ここが大切！

小数の位の呼びかたには「**小数第～位**」と「**～（分数）の位**」の2通りあることをおさえよう！

答え

㋐ 二　㋑ 三　㋒ $\frac{1}{100}$　㋓ $\frac{1}{1000}$

教えるときのポイント！

小数の位の呼びかたに慣れよう！

小数の位の呼びかたに慣れるために、次の問題を解いて練習しましょう。

（1）5.184 の小数第三位の数字は何ですか。

（2）0.301 の$\frac{1}{100}$の位の数字は何ですか。

それぞれの答えは、（1）が 4、（2）が 0 です。

PART 2

03 小数のしくみ

問題　次の[ア]～[カ]にあてはまる数を答えましょう。

（1）2.18は、1を[ア]こ、0.1を[イ]こ、0.01を[ウ]こ合わせた数です。

（2）2.18は、0.01を[エ]こ合わせた数です。

（3）1を6こ、0.1を3こ、0.01を9こ合わせた数は[オ]です。

（4）1を50こ、0.1を4こ、0.001を5こ合わせた数は[カ]です。

ここが大切！

例えば、5.67は、1を5こ、0.1を6こ、
0.01を7こ合わせた数！

答え

（1）2.18は、1を2こ、0.1を1こ、0.01を8こ合わせた数です。

答え　[ア] 2　[イ] 1　[ウ] 8

（2）2.18は、0.01を218こ合わせた数です。

答え　[エ] 218

（3）1を6こ、0.1を3こ、0.01を9こ合わせた数は6.39です。

答え　[オ] 6.39

（4）1を50こ、0.1を4こ、0.001を5こ合わせた数は50.405です。

答え　[カ] 50.405

教えるときのポイント！

1、0.1、0.01、0.001の関係をおさえよう！

1、0.1、0.01、0.001の関係を図にすると、右のようになります。

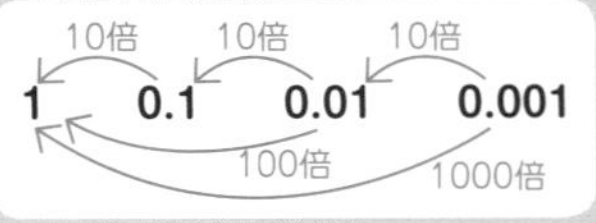

このように、図をかくことで、1、0.1、0.01、0.001の関係をおさえられるようになります。

04 小数のたし算 その1

3年生

問題 次の計算を、筆算で解きましょう。

1.3＋2.4

ここが大切！

小数のたし算（と引き算）の筆算では、
小数点をそろえて計算する理由をおさえよう！

解きかたと答え

小数点をそろえる

```
  1.3
+ 2.4
  3.7
```

①**小数点をそろえて**筆算する
②「13＋24」の筆算と同じように計算する
③小数点をおろして、3と7の間に小数点を打つ

大事なのは小数点をそろえること！

答え 3.7

教えるときのポイント！

小数のたし算で、小数点をそろえて計算する理由は？

1.3は、「1が1こ、0.1が3こ」からできています。2.4は、「1が2こ、0.1が4こ」からできています。筆算で、1.3と2.4をたすとき、**小数点をそろえることによって、同じ位どうしをたすことができます。**これを図で表すと、次のようになります。

小数点をそろえる　小数点をそろえる

```
  1.3 → ①      . 0.1 0.1 0.1
+ 2.4 → ①①    . 0.1 0.1 0.1 0.1
  3.7 → ①①①  . 0.1 0.1 0.1 0.1 0.1 0.1 0.1
```

55、56ページで習う「小数の引き算」の筆算も、同じ理由から小数点をそろえて計算します。

PART 2

05 小数のたし算 その2

問題 次の計算を、筆算で解きましょう。

8.69＋4.51

ここが大切！

小数のたし算の筆算では、場合によって、
0をつけたり消したりしよう！

解きかたと答え

小数点をそろえる

```
   8.6 9
＋ 4.5 1
─────────
 1 3.2 0   ← 0を消す
```

①小数点をそろえて筆算する
②「869 ＋ 451」の筆算と同じように計算する
③小数点をおろして、3 と 2 の間に小数点を打つ
④ 13.20 の 0 を消して、答えは 13.2

答え 13.2

教えるときのポイント！

小数のたし算の筆算で、「0 をつけて」解いたほうがいい場合は？

「8.69 ＋ 4.51」の筆算では、13.20 の 0 を消して、答えを 13.2 としました。一方、例えば、「5.83 ＋ 37.7」のような筆算では、次のように、37.7 に 0 をつけて、37.70 とすると計算しやすくなる場合があります。

小数点をそろえる

```
    5.8 3
＋ 3 7.7 0   ← 0をつけて考える
──────────
  4 3.5 3
```

06 小数の引き算 その1

3年生

問題 次の計算を、筆算で解きましょう。

8.2−3.5

ここが大切！

答えの一の位が0になるときは、
0を書き忘れないようにしよう！

解きかたと答え

小数点をそろえる

```
  8.2
− 3.5
  4.7
```

①小数点をそろえて筆算する
②「82 − 35」の筆算と同じように計算する
③小数点をおろして、4と7の間に小数点を打つ

答え 4.7

教えるときのポイント！

0を忘れるケアレスミスに気をつけよう！

例えば、「5.8 − 4.9」の筆算で、次のように、一の位の0をつけ忘れてしまうミスがときどき見られます。
このように、一の位が0になるときは、0と小数点を書き忘れないように注意しましょう。

×
```
  5.8
− 4.9
    9
```
0と小数点がぬけているので間違い

○
```
  5.8
− 4.9
  0.9
```
一の位が0のときは0を忘れずに書く

PART 2

07 小数の引き算 その2

問題 次の計算を、筆算で解きましょう。

40.3−5.912

ここが大切！

小数点以下のケタが多い小数の引き算もできるようになろう！

解きかたと答え

```
小数点をそろえる
   4 0 . 3 0 0  ← 0を2つつける
 −     5 . 9 1 2
 ──────────────
   3 4 . 3 8 8
```

①小数点をそろえて筆算する

②「40.3」を「40.300」のように、0を2つつけて考える

③「40300 − 5912」の筆算と同じように計算する

④小数点をおろして、4と3の間に小数点を打つ

答え 34.388

教えるときのポイント！

整数−小数の筆算はミスしやすいので要注意！

上の**問題**は、小数−小数の筆算でした。一方、「12 − 4.05」のような整数−小数の筆算はどのように解けばよいのでしょうか。

12の小数点の位置は「12.」なので、小数点をそろえて筆算を書きましょう。そして、次のように、12を12.00として計算すれば、答えを求めることができます。慣れていないうちは間違えやすいところなので、気をつけましょう。

```
     1 2 .      ← 12の小数点はココ！
 −   4 . 0 5
 ──────────

     1 2 . 0 0  ← 0を2つつける
 −   4 . 0 5
 ──────────
       7 . 9 5
```

08 小数×整数、整数×小数

4年生

問題 次の計算を、筆算で解きましょう。

4.6×82

ここが大切！

小数×整数（整数×小数）の筆算は、3ステップで解こう！

解きかたと答え

右にそろえる

```
    4.6
 ×  8 2
 -------
    9 2
  3 6 8
 -------
  3 7 7.2
```

①右にそろえて筆算する
（小数のたし算のように、小数点をそろえないようにする）

②小数点をのぞいた「46 × 82」の筆算と同じように計算する

③ 4.6 の小数点をそのままおろす

答え　377.2

教えるときのポイント！

整数×小数の筆算も同じように、3ステップで解こう

上では小数×整数の筆算を3ステップで解きましたが、整数×小数の筆算も同じように、3ステップで解けます。

[例]　595 × 0.97

解きかた

右にそろえる

```
     5 9 5
  × 0.9 7
  ---------
   4 1 6 5
 5 3 5 5
  ---------
 5 7 7.1 5
```

①右にそろえて筆算する

②小数点をのぞいた「595 × 97」の筆算と同じように計算する

③ 0.97 の小数点をそのままおろす

答え　577.15

PART 2

09 小数×小数

問題 次の計算を、筆算で解きましょう。

1.56×7.2

ここが大切！

小数×小数の筆算は、答えの小数点を打つ位置に注意しよう！

解きかたと答え

```
 右にそろえる
        ↓
    1.5 6   2ケタ┐
 ×  7.2     1ケタ┘
 ──────
    3 1 2     │たす
 1 0 9 2      ↓
 ──────
 1 1.2 3 2   3ケタ
    ↑
 小数点を打つ
```

①右にそろえて筆算する

②小数点をのぞいた「156 × 72」の筆算と同じように計算する

③ 1.56 の小数点の右は 2 ケタ。7.2 の小数点の右は 1 ケタなので、答えの小数点の右のケタが 3 ケタになるところに小数点を打つ

答え　11.232

教えるときのポイント！

ケタの数が増えても、基本的な解きかたは同じ！

小数点以下のケタの数が増えると、計算はややこしくなりますが、基本的な解きかたは同じです。

[例] 3.85 × 0.78

解きかた

```
   右にそろえる
        ↓
    3.8 5   2ケタ┐
 × 0.7 8    2ケタ┘
 ──────
  3 0 8 0     │たす
 2 6 9 5      ↓
 ──────
 3.0 0 3 0   4ケタ
  ↑      ↑
 小数点を打つ  0を消す
```

①右にそろえて筆算する

②小数点をのぞいた「385 × 78」の筆算と同じように計算する

③ 3.85 の小数点の右は 2 ケタ。0.78 の小数点の右は 2 ケタなので、答えの小数点の右のケタが 4 ケタになるところに小数点を打つ

④ 3.0030 の小数第四位の 0 を消して、答えは 3.003 になる（小数点を打ってから 0 を消すようにする）

答え　3.003

PART 2

10 「小数点のダンス」でかけ算を楽に解く 発展

問題 次の計算をしましょう。

6000×0.03

ここが大切！

かけ算では、小数点が**左右逆の方向**に、**同じ数のケタだけ移動（ダンス）**する！

解きかたと答え

① 0.03 の小数点を右に 2 ケタ移動させると、整数の 3 になる（次のように、小数点を右に 2 ケタだけピョンピョンと移動〈ダンス〉させる）

6000 × 0.03.

小数点が右に 2 ケタ移動（ダンス）

②かけ算では、小数点が左右逆の方向に、同じ数のケタだけ移動（ダンス）する。だから、6000 の小数点を、次のように左に 2 ケタ移動させる

60.00. × 0.03. ＝ 60 × 3

小数点が左右逆の方向に 2 ケタずつ移動

これにより、6000 × 0.03 ＝ 60 × 3 となる

③ 60 × 3 を計算して、答えは 180

答え 180

教えるときのポイント！

小数点のダンスを使えば、割合（わりあい）の計算も楽になる！

6000 × 0.03 のような計算を筆算で解こうとするお子さんがいますが、それだと計算がややこしくなって、間違いやすくなります。一方、小数点のダンス（オリジナルの言葉です）を使うと、6000 × 0.03 を 60 × 3 というかんたんな計算に変形して楽に解くことができます。

また、PART 9 で習う割合の問題も、小数点のダンスを使えばスムーズに解けることがあります。例えば、「6000 円の 3％は何円ですか」という問題なら、6000 × 0.03 ＝ 60 × 3 ＝ 180（円）とかんたんに求められます。日常生活にも役に立つ計算法なので、この機会に「小数点のダンス」をマスターしましょう。

PART 2
11 「小数点のダンス」で割り算を楽に解く 発展

問題 次の計算をしましょう。

63÷0.009

ここが大切！

割り算では、小数点が**左右同じ方向**に、**同じ数のケタだけ移動（ダンス）**する！

解きかたと答え

① 0.009 の小数点を右に 3 ケタ移動させると、整数の 9 になる

63 ÷ 0.009.

小数点が右に 3 ケタ移動(ダンス)

②割り算では、小数点が左右同じ方向に、同じ数のケタだけ移動（ダンス）する。だから、63 の小数点も、次のように右に 3 ケタ移動させる（数字がないところには、0 を追加する）

0を追加

63.000. ÷ 0.009. ＝ 63000 ÷ 9

小数点がどちらも右に3ケタずつ移動

これにより、63 ÷ 0.009 ＝ 63000 ÷ 9 となる

③ 63000 ÷ 9 を計算して、答えは 7000

答え 7000

教えるときのポイント！

小数点のダンスで、0 の多い計算もすばやく解ける！

かけ算では、小数点が左右逆の方向に移動しましたが、割り算では、小数点が左右同じ方向に移動するのがポイントです。

小数点のダンス（割り算）を使えば、次のように、0 の多い計算もすばやく正確に解くことができることもおさえておきましょう。

3200000 ÷ 80000

＝ 320.0000. ÷ 8.0000. ＝ 320 ÷ 8 ＝ 40

小数点がどちらも左に4ケタずつ移動

PART 2

12 小数÷整数（割り切れる場合）

4年生

問題 次の計算をしましょう。

50.96÷8

ここが大切！

小数÷整数の筆算では、小数点をそのまま上にあげよう！

解きかたと答え

```
      6.3 7
8 ) 5 0.9 6
    4 8
    ―――――――
      2 9
      2 4
    ―――――――
        5 6
        5 6
    ―――――――
          0
```

①小数点をとった「5096 ÷ 8」をそのまま計算するように筆算する

② 50.96 の小数点をそのまま上にあげて、答えは 6.37

答え 6.37

教えるときのポイント！

商の一の位が 0 になることもある！

例えば、「2.88 ÷ 6」は、「割られる数の一の位の 2」が、「割る数の 6」より小さいです。このような場合、次のように、商の一の位には「0」を書きましょう。

[例] 2.88 ÷ 6

解きかた

```
   0←商の一の位
⑥)②.8 8
```

```
    0.4 8
6 ) 2.8 8
    2.4
    ―――――
      4 8
      4 8
    ―――――
        0
```

①2 は 6 より小さいので、商の一の位に 0 を書く

②小数点をとった「288 ÷ 6」をそのまま計算するように筆算する。そして、2.88 の小数点をそのまま上にあげて、答えは 0.48

答え 0.48

PART 2

13 小数÷整数(割り切れるまで割る場合) 4年生

問題 次の式を割り切れるまで計算しましょう。

80.3÷22

ここが大切！

割り切れるまで計算するときは、
割られる数の右に0をつけて筆算しよう！

解きかたと答え

```
      3.6 5
22 ) 8 0.3 0
     6 6
     1 4 3
     1 3 2
       1 1 0
       1 1 0
           0
```

割り切れるまで0をつける

①小数点をとった「803 ÷ 22」をそのまま計算するように筆算する

② 80.3 の小数第二位に 0 をつけて 80.30 とし、その 0 を下におろして筆算を続ける

③ 80.3 の小数点をそのまま上にあげて、答えは 3.65

答え 3.65

教えるときのポイント！

割り切れるまで、2 つ以上の 0 がつくこともある！

次の筆算のように、割り切れるまで、2 つ以上の 0 がつくこともあるので、根気強く計算しましょう。

[例]「1.2 ÷ 75」を割り切れるまで計算しましょう。

解きかた

```
      0.0 1 6
75 ) 1.2 0 0
       7 5
       4 5 0
       4 5 0
           0
```

この計算では0が2つつく

答え 0.016

PART 2
14 整数÷小数、小数÷小数

5年生

問題 次の式を割り切れるまで計算しましょう。

18÷2.4

ここが大切！

整数÷小数や小数÷小数は、
小数点を動かして筆算しよう！

解きかたと答え

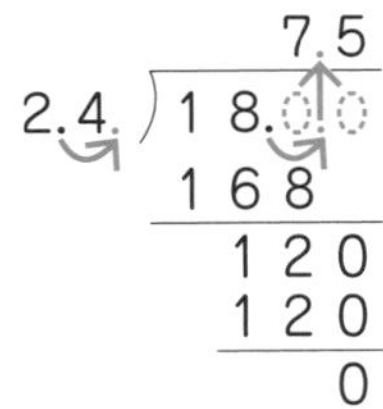

①割る数の 2.4 の小数点を 1 つ右に動かして、整数の 24. にする

②割られる数の 18. も同じように、小数点を 1 つ右に動かして、180. にする

③ 180 ÷ 24 を割り切れるまで計算する

④ 180. の小数点をそのまま上にあげて、答えは 7.5

答え 7.5

教えるときのポイント！

小数÷小数も、小数点を動かして筆算しよう！

小数÷小数も、整数÷小数と基本的な計算の流れは同じです。次の［例］で、解きかたを確かめてください。

［例］「8.468 ÷ 1.46」を割り切れるまで計算しましょう。

解きかた

```
          5.8
1.46.) 8.46.8
       730
       1168
       1168
          0
```

①割る数の 1.46 の小数点を 2 つ右に動かして、整数の 146 にする

②割られる数の 8.468 も同じように、小数点を 2 つ右に動かして、846.8 にする

③ 846.8 ÷ 146 を筆算する

④ 846.8 の小数点をそのまま上にあげて、答えは 5.8

答え 5.8

PART 2

15 あまりが出る「小数÷整数」

問題 次の式を、商は一の位まで求めて、あまりも出しましょう。

34.1÷9

ここが大切！

商をどの位まで求めるかによって、商もあまりも変わる！

解きかたと答え

①商を一の位まで求めるので、商は3でストップ

②34.1の小数点をそのまま下におろして、あまりは7.1

答え　3あまり7.1

教えるときのポイント！

「34.1 ÷ 9」の商を小数第一位まで求めると、答えはどうなる？

上の 問題 では、「34.1 ÷ 9」の商を一の位まで求めて、答えは「3 あまり 7.1」となりました。一方、「34.1 ÷ 9」の商を小数第一位まで求めて、あまりも出すと、次のようになります。

[例]「34.1 ÷ 9」を、商は小数第一位まで求めて、あまりも出しましょう。

解きかた

```
     3.7  ← 商
9 ) 34.1
    27
     71
     63
    0.8  ← あまり
```

0をつける→0.8

①商を小数第一位まで求めるので、商は3.7でストップ

②34.1の小数点をそのまま下におろして、あまりは0.8

答え　3.7あまり0.8

「34.1 ÷ 9」の商を一の位まで求めたときの答えは「3 あまり 7.1」で、一方、商を小数第一位まで求めたときの答えは「3.7 あまり 0.8」となりました。このように、商をどの位まで求めるかによって、商もあまりも変わることをおさえましょう。

PART 2

16 あまりが出る「小数÷小数」

5年生

問題 次の式を、商は小数第一位まで求めて、あまりも出しましょう。

60.98÷8.1

ここが大切！

▶ あまりが出る「小数÷小数」の、商とあまりの小数点のつけかた

商 「小数点を動かした後」の割られる数の小数点をそのまま上にあげて、小数点をつける

あまり 「小数点を動かす前」の割られる数の小数点をそのまま下におろして、小数点をつける

解きかたと答え

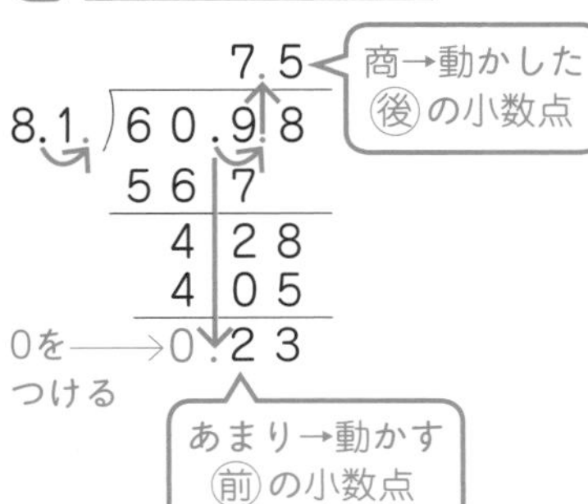

①割る数の 8.1 の小数点を 1 つ右に動かして、整数の 81 にする

②割られる数の 60.98 も同じように、小数点を 1 つ右に動かして、609.8 にする

③商を小数第一位まで求めるので、商は 7.5 でストップ

④小数点を動かした後の 609.8 ではなく、「小数点を動かす前」の 60.98 の小数点をそのまま下におろして、あまりは 0.23

答え 7.5あまり0.23

教えるときのポイント！

小数の割り算で、時間があまったときは検算しよう！

割り算で、「割られる数÷割る数＝商＋あまり」という式は、「割る数×商＋あまり＝割られる数」という式に変形できることを使って検算ができます。

上の「60.98 ÷ 8.1 ＝ 7.5 あまり 0.23」では、8.1 × 7.5 ＋ 0.23 の答えが 60.98 になれば、正解だと判断できます。テストの見直しなどで使っていきましょう。

3、4、5年生

小数の計算でミスを減らすには？

小数の計算でもっとも多いミスのひとつが、「小数点をつける位置の間違い」です。
そこで、このコラムでは、小数点のつけかたについて、大きく5つのパターンに分けてまとめます。小数点のつけかたを完璧（かんぺき）にマスターして、得点力をアップしましょう。

① 小数のたし算、引き算

・小数点をそろえて筆算する
・小数点をそのまま下ろす

例1
小数のたし算

小数点をそろえる

$$\begin{array}{r} 7.8 \\ +\ 9.3 \\ \hline 17.1 \end{array}$$

例2
小数の引き算

小数点をそろえる

$$\begin{array}{r} 6.18 \\ -\ 1.39 \\ \hline 4.79 \end{array}$$

② 小数×整数、整数×小数

・右にそろえて筆算する
・小数点をそのまま下ろす

例3
小数×整数

右にそろえる

$$\begin{array}{r} 3.5 \\ \times\ \ 7 \\ \hline 24.5 \end{array}$$

例4
整数×小数

右にそろえる

$$\begin{array}{r} 12 \\ \times\ 0.24 \\ \hline 48 \\ 24\ \ \\ \hline 2.88 \end{array}$$

③ 小数×小数

・右にそろえて筆算する
・小数点のつけかたは、[例5]を参照

例5 小数×小数

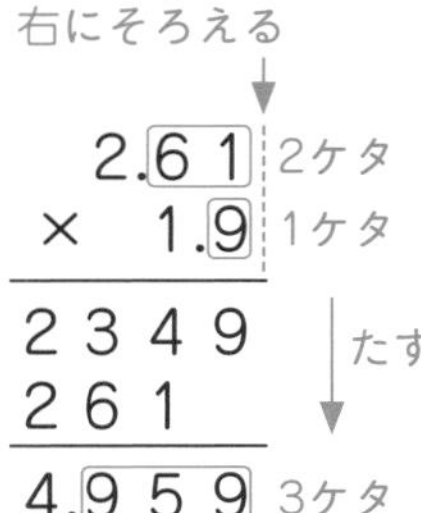

④ 小数÷整数

・商は「割られる数」の小数点をそのまま上にあげる
・あまりは「割られる数」の小数点をそのまま下におろす

例6

小数÷整数
(「2.55÷7」を、商は小数第一位まで求めて、あまりを出す)

```
    0.3
 7)2.55
   21
   0.45
```

0をつける

答え **0.3あまり0.45**

⑤ 小数÷小数

・「割る数」の小数点を何ケタか右に動かして整数にする
・「割られる数」の小数点も同じケタだけ右に動かす
・商は「小数点を動かした後」の割られる数の小数点をそのまま上にあげる
・あまりは「小数点を動かす前」の割られる数の小数点をそのまま下におろす

例7

小数÷小数
(「5.81÷1.4」を、商は小数第一位まで求めて、あまりを出す)

```
       4.1
 1.4)5.81
     56
      21
      14
     0.07
```

0をつける

答え **4.1あまり0.07**

PART 3
01 約数とは？

問題 20の約数をすべて書き出しましょう。

ここが大切！

約数の書きもれは、よくあるミスなので気をつけよう！

解きかたと答え

ある整数を割り切ることのできる整数を、その整数の約数といいます。
20を割り切ることができる数を探すと、次のようになります。

20 ÷ 1 = 20　　20 ÷ 2 = 10　　20 ÷ 4 = 5
20 ÷ 5 = 4　　20 ÷ 10 = 2　　20 ÷ 20 = 1

20は、1、2、4、5、10、20で割り切ることができます。
これにより、20の約数は、1、2、4、5、10、20であることがわかります。

答え **1、2、4、5、10、20**

教えるときのポイント！

約数の書きもれを防ぐための方法とは？

20の約数の「1、2、4、5、10、20」について、次のように、「かけると20になる組み合わせ」ができることがわかります。

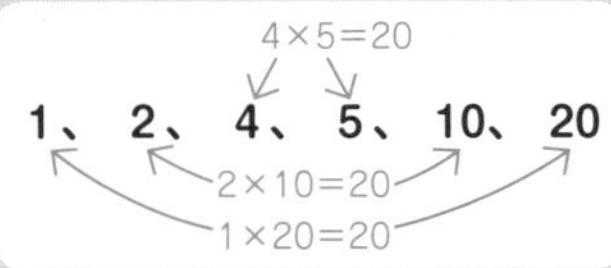

この性質を使って、約数の書きもれを防ぐのが、次の項目で紹介する「オリを使って約数を書き出す方法」です。約数の書きもれというケアレスミスを防ぐために、ぜひマスターしましょう。

PART 3
02 オリを使って約数を求める

5年生

問題 30の約数をすべて書き出しましょう。

ここが大切！

オリを使って約数を書き出す方法をマスターしよう！

解きかたと答え

30の約数（30を割り切ることができる整数）を次の①〜③で書き出します。

①まず右上のようにオリをかきます。動物園にあるようなオリのイメージです。オリは多めにかきましょう。12こ以上でもいいのですが、ここでは10このオリにします。

②次に、「かけたら30になる組み合わせ」をオリの上下に書き出していきましょう（右の例では、1 × 30 = 30）。

③同じように「かけたら30になる組み合わせ」をオリの上下にすべて書き出すと、右のようになります。

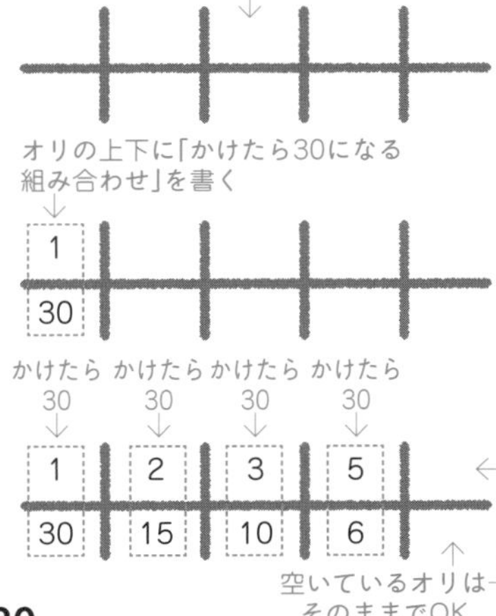

答え 1、2、3、5、6、10、15、30

教えるときのポイント！

オリの下が空白になる場合もある！

例えば、64の約数を、オリを使って、すべて書き出すと右のようになります。

1	2	4	8
64	32	16	

8×8=64なので8はひとつ書くだけでOK

下のオリは空白になる

8 × 8 = 64なので、8の下のオリは空白のままでいいです。このような場合があることもおさえておきましょう。

PART 3 約数と倍数

PART 3

03 公約数と最大公約数

問題 24と36の公約数をすべて答えましょう。また、24と36の最大公約数を求めましょう。

ここが大切！

公約数と最大公約数のそれぞれの意味をおさえよう！

解きかたと答え

2つ以上の整数に共通する約数を、それらの整数の**公約数**といいます。

公約数のうち、もっとも大きい数を**最大公約数**といいます。

24 の約数は 1、2、3、4、6、8、12、24 です。

36 の約数は 1、2、3、4、6、9、12、18、36 です。

答え　公約数…1、2、3、4、6、12　最大公約数…12

教えるときのポイント！

最大公約数が 1 になることもある！

例えば、15 と 32 の最大公約数を求めてみましょう。

15 の約数は 1、3、5、15 です。

32 の約数は 1、2、4、8、16、32 です。

このとき、**15 と 32 の公約数（15 と 32 に共通の約数）は 1 だけ**です。つまり、**15 と 32 の最大公約数も 1** ということになります。最大公約数が 1 と聞くと、違和感をもつ人がいるかもしれませんが、このような場合もあることも知っておきましょう。

04 連除法で最大公約数を求める 発展

問題 45と60の最大公約数を、連除法を使って求めましょう。

ここが大切！

連除法を使えば、最大公約数がよりすばやく求められる！

解きかたと答え

連除法とは、次のように、それぞれの数を同じ数で次々と割っていく方法です。この方法を使うことによって、よりすばやく最大公約数を求めることができます。

①割り算の筆算をひっくり返したような形の中に、45と60を書く

```
 ) 45  60
```

② 45と60をどちらも割り切れる数を探す。どちらも3で割り切れるので、それぞれを3で割った商を下に書く

```
3 ) 45  60
    15  20
```

③ 15と20はどちらも5で割り切れるので、それぞれを5で割った商を下に書く

```
3 ) 45  60
5 ) 15  20
     3   4
```

④ 3と4は1以外で割れないので割るのをストップ。左の数をすべてかけて、最大公約数が（3 × 5 =）15と求められる

```
3 ) 45  60
5 ) 15  20
↑    3   4
かけると15
```

答え 15

教えるときのポイント！

なぜ「連除法」という呼びかたなの？

連除法という言葉だけ聞くと、少し難しそうな印象を受けますが、実際は、上の説明の通り、かんたんな方法です。

連除法の「除」は、割り算を意味します。つまり、「連続して割っていく方法」なので、連除法というのです。お子さんには、連除法の解きかただけでなく、用語の由来も合わせて教えることをおすすめします。

PART 3

05 倍数とは？

問題　9の倍数を小さい順に5つ答えましょう。

ここが大切！

倍数と整数倍（せいすうばい）という言葉の意味をしっかりおさえよう！

解きかたと答え

ある整数の整数倍（1倍、2倍、3倍、……）になっている整数を、その整数の倍数（ばいすう）といいます。

9を整数倍（1倍、2倍、3倍、……）すると、次のようになります。

9	18	27	36	45	54	……
↑	↑	↑	↑	↑	↑	
9×1	9×2	9×3	9×4	9×5	9×6	

小さい順に5つ答えればよいので、答えは9、18、27、36、45です。

答え　9、18、27、36、45

教えるときのポイント！

いくつかの数の中から、倍数を見つける問題を解こう！

まず、次の［例］をみてください。

［例］次の数の中で、17の倍数はどれですか。すべて答えましょう。

53、107、85、207、95、136

解きかた

17の倍数とは、17を整数倍（1倍、2倍、3倍、……）した数です。ですから、**それぞれの数を17で割って、割り切れたものが17の倍数**です。それぞれの数を17で割っていくと、85と136が、17で割り切れます（85 ÷ 17 = 5、136 ÷ 17 = 8）。

答え　85、136

PART 3

06 公倍数と最小公倍数

5年生

問題 6と9の公倍数を小さい順に3つ答えましょう。また、6と9の最小公倍数を求めましょう。

ここが大切！

公倍数と最小公倍数のそれぞれの意味をおさえよう！

解きかたと答え

2つ以上の整数に共通する倍数を、それらの整数の**公倍数**といいます。
公倍数のうち、もっとも小さい数を**最小公倍数**といいます。

6の倍数は 6、12、18、24、30、36、42、48、54、60、…
9の倍数は 9、18、27、36、45、54、63、…

共通の倍数が公倍数

6の倍数 ⟶ 6　12　[18]　24　30　[36]　42　48　[54]　…
9の倍数 ⟶ 9　[18]　27　[36]　45　[54]　…

公倍数のうち、もっとも小さい数が最小公倍数

答え　公倍数…18、36、54　最小公倍数…18

教えるときのポイント！

最小公約数や最大公倍数という用語はない！

「最小公約数」や「最大公倍数」という言葉は、存在しません。
もし、「最小公約数」という用語が存在するなら、それは「もっとも小さい公約数」という意味になります。例えば、10と15の最小公約数は1です。また、12と18の最小公約数も1です。**どの2つ以上の整数の「最小公約数」も1になるので、この用語は存在しないのです。**
次に「最大公倍数」についてです。例えば、6と9の公倍数は、18、36、54、72、90、…と無限に大きくなります。**どの2つ以上の整数の公倍数も、このように無限に大きくなるので、最大公倍数という用語はありません。**

PART 3
07 連除法で最小公倍数を求める

問題 18と24の最小公倍数を、連除法を使って求めましょう。

ここが大切！

連除法を使えば、最小公倍数も、
よりすばやく求められる！

解きかたと答え

71 ページで紹介した連除法を使って、よりすばやく最小公倍数も求めることができます。

①割り算の筆算をひっくり返したような形の中に、18 と 24 を書く

```
 ) 18  24
```

②最大公約数を求めるときと同じように、1 以外で割り切れなくなるまで割っていく

```
2 ) 18  24
3 )  9  12
     3   4
```

③ 1 以外で割り切れなくなったら、L 字型にかける。18 と 24 の最小公倍数は（2 × 3 × 3 × 4 =）72 と求められる

```
2 ) 18  24
3 )  9  12
     3   4
```

L字型にかける→

答え 72

教えるときのポイント！

学校では教えてくれない「連除法」をマスターしよう！

最大公約数や最小公倍数を求めるために、連除法はとても有効な方法です。ただ、公立小学校の教科書では紹介されていない方法なので、連除法を知らないお子さんに教えることをおすすめします。
約数や倍数を書き出して最大公約数や最小公倍数を求めるのは、用語の意味を理解するためには役に立ちますが、時間がかかり、ミスもしやすくなります。連除法を使って、最大公約数や最小公倍数をすばやく正確に求められるように練習しましょう。

08 最大公約数と最小公倍数のそれぞれの性質

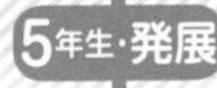

問題 次の問いに答えましょう。

(1) 71ページで、連除法で求めた通り、45と60の最大公約数は15です。このとき、45と60の公約数をすべて答えましょう。

(2) 74ページで求めた通り、18と24の最小公倍数は72です。このとき、18と24の公倍数を小さい順に3つ答えましょう。

ここが大切！

・公約数は「最大公約数の約数」
・公倍数は「最小公倍数の倍数」
}であることをおさえよう！

解きかたと答え

(1)「公約数は『最大公約数の約数』である」という性質があります。つまり、公約数を求めるために「45 と 60 の最大公約数」の 15 の約数を調べればよいのです。15 の約数は、1、3、5、15 です。だから、45 と 60 の公約数も、1、3、5、15 です。

答え　1、3、5、15

(2)「公倍数は『最小公倍数の倍数』である」という性質があります。つまり、公倍数を求めるために「18 と 24 の最小公倍数」の 72 の倍数を調べればよいのです。72 の倍数は、小さい順に、72、144、216、…です。だから、18 と 24 の公倍数も、小さい順に、72、144、216、…です。

答え　72、144、216

教えるときのポイント！

公約数と公倍数を一番すばやく求める方法！

公約数や公倍数を書き出していって求める方法もありますが、時間がかかります。連除法によって最大公約数や最小公倍数を求めて、このページの方法で公約数や公倍数を見つけるのが一番速くて確実だといえます。

PART 3

09 偶数と奇数

問題 次の8つの数について、後の問いに答えましょう。

3、18、195、2023、0、1、56、880

（1）この中で偶数はどれですか。すべて答えましょう。

（2）この中で奇数はどれですか。すべて答えましょう。

ここが大切！

一の位が、0、2、4、6、8のいずれかなら偶数
一の位が、1、3、5、7、9のいずれかなら奇数

解きかたと答え

2で割り切れる整数を偶数といいます。**2で割り切れない整数**を奇数といいます。

また、ここが大切！に書いたような見分けかたもあります（例えば、2023の一の位は奇数の3だから、2023は奇数）。

（1）18、56、880は、それぞれ2で割り切れるので偶数です。
0も偶数なので気をつけましょう。

答え 18、0、56、880

（2）3、195、2023、1は、それぞれ2で割り切れないので奇数です。

答え 3、195、2023、1

教えるときのポイント！

偶数は「2×□」、奇数は「2×□＋1」で表せる！

偶数は「2×□」、奇数は「2×□＋1」という形でそれぞれ表せることも、合わせておさえておきましょう。例えば、偶数の56は「2×28」という形で表せますし、奇数の37は「2×18＋1」という形で表せます。

PART 4

01 分数とその種類

3、4年生

問題　㋐〜㋕の分数を、真分数（しんぶんすう）、仮分数（かぶんすう）、帯分数（たいぶんすう）に分けて、それぞれ記号で答えましょう。

㋐ $\frac{3}{2}$　㋑ $1\frac{1}{8}$　㋒ $\frac{2}{9}$　㋓ $\frac{7}{7}$　㋔ $\frac{11}{12}$　㋕ $15\frac{5}{6}$

ここが大切！

真分数、仮分数、帯分数のそれぞれの意味をおさえよう！

解きかたと答え

$\frac{1}{5}$、$\frac{6}{7}$、$\frac{3}{10}$ のような数を**分数**といいます。

例えば、$\frac{3}{10}$ は、1 を 10 等分したうちの 3 つ分です。

分数の横線の**下の数**を**分母**（ぶんぼ）、**上の数**を**分子**（ぶんし）といいます。

[分数の例]

$\frac{3}{10}$　3 ← 分子、10 ← 分母

分数は、**真分数**（分子が分母より小さい分数）、**仮分数**（分子が分母と等しいか、または分子が分母より大きい分数）、**帯分数**（整数と真分数の和になっている分数）の 3 種類に分けられます。

答え　**真分数…㋒、㋔　仮分数…㋐、㋓　帯分数…㋑、㋕**

教えるときのポイント！

$\frac{7}{7}$は真分数？それとも仮分数？

$\frac{7}{7}$のように、分子が分母と等しい分数が、真分数と仮分数のどちらかおさえられていないケースがあるので注意しましょう。上で解説した通り、$\frac{7}{7}$のように、**分子が分母と等しい分数は、仮分数**です。

PART 4

02 仮分数を帯分数か整数に直す

4年生

問題 次の仮分数を、帯分数か整数に直しましょう。

(1) $\frac{35}{8}$　　(2) $\frac{54}{6}$

ここが大切！

仮分数を、帯分数か整数に直すときは、
分子÷分母の計算をしよう！

解きかたと答え

仮分数で「**分子÷分母**」の計算をして、**あまりが出れば帯分数**に、**割り切れたら整数**に、それぞれ直すことができます。

(1) $\frac{35}{8}$ の「分子÷分母」を計算すると、右のようにあまりが出ます。

35（分子） ÷ 8（分母） ＝ 4（商） あまり 3（あまり）

このように、**あまりが出たとき**は、**商$\frac{\text{あまり}}{\text{分母}}$**の形にしましょう。

（仮分数）（帯分数）

$\frac{35}{8}=4\frac{3}{8}$
（3 ← あまり、8 ← 分母はそのまま、4 ← 商）

答え $4\frac{3}{8}$

(2) $\frac{54}{6}$ の「分子÷分母」を計算すると、次のように割り切れます。

54（分子） ÷ 6（分母） ＝ 9（商）
↓ そのまま
$\frac{54}{6}=9$
（仮分数）（整数）

答え 9

教えるときのポイント！

$\frac{5}{1}$を整数に直すとどうなる？

$\frac{5}{1}$のように、**分母が1の仮分数もある**ことをまずおさえましょう。分子の5を分母の1で割ると、5÷1＝5なので、$\frac{5}{1}$＝5であることがわかります。

PART 4

03 帯分数を仮分数に直す

4年生

問題 次の帯分数を、仮分数に直しましょう。

(1) $2\frac{3}{4}$　　(2) $17\frac{1}{9}$

ここが大切！

帯分数を仮分数に直すときは次の式を使おう！

（帯分数）　（仮分数）

$□\frac{△}{○}=\frac{□×○+△}{○}$

解きかたと答え

ここが大切！に書いた式を使うと、帯分数を仮分数に直すことができます。

(1) $2\frac{3}{4}=\frac{2×4+3}{4}=\frac{11}{4}$

答え $\frac{11}{4}$

(2) $17\frac{1}{9}=\frac{17×9+1}{9}=\frac{154}{9}$

答え $\frac{154}{9}$

教えるときのポイント！

帯分数の意味をあらためて確認しよう！

「$2\frac{3}{4}$の整数部分2と分数部分$\frac{3}{4}$の間に何が省略されている？」という質問に、スムーズに答えられるでしょうか？

帯分数とは**「整数と真分数の和になっている分数」**のことでした。

帯分数＝整数＋真分数

$2\frac{3}{4} = 2 + \frac{3}{4}$

＋が省略されている

つまり、$2\frac{3}{4}$の整数部分2と分数部分$\frac{3}{4}$の間には「＋」が省略されています。意外に見落としがちなポイントなので、おさえておきましょう。

PART 4 分数の計算

PART 4

04 約分(やくぶん)とは？

5年生

 次の分数を約分しましょう。

(1) $\frac{49}{56}$　　(2) $\frac{85}{102}$

ここが大切！

分数を**約分**するときは、**分母と分子の最大公約数**で割ろう！

解きかたと答え

分母と分子を同じ数で割っても、分数の大きさはかわらないという性質があります。この性質を利用して、**分数の分母と分子を同じ数で割って、かんたんにすること**を**約分**といいます。

分母と分子の最大公約数でそれぞれを割れば、もっともかんたんな分数にすることができます。

（1）分母56と分子49の**最大公約数は7**です。**分母と分子を最大公約数7で割る**と、次のように約分できます。

$$\frac{49}{56}=\frac{49\div7}{56\div7}=\frac{7}{8}$$

答え　$\frac{7}{8}$

（2）分母102と分子85の**最大公約数は17**です。**分母と分子を最大公約数17で割る**と、次のように約分できます。

$$\frac{85}{102}=\frac{85\div17}{102\div17}=\frac{5}{6}$$

答え　$\frac{5}{6}$

教えるときのポイント！

102と85がどちらも17で割れることをどうやって見抜(みぬ)く？

（2）の $\frac{85}{102}$ を約分するとき、分母と分子をどの数で割ればいいか迷った人もいるかもしれません。こんなときは、**分子の85の約数を調べてみましょう。85の約数は、1、5、17、85**です。この中で102を割り切れる最大の数を探すと17が見つかります。約分するためのひとつの方法として知っておきましょう。

05 倍分(ばいぶん)とは？

5年生・発展

問題 次の㋐～㋔の分数で、$\frac{2}{5}$と大きさの等しい分数を、すべて記号で答えましょう。

㋐ $\frac{7}{15}$　㋑ $\frac{12}{20}$　㋒ $\frac{10}{25}$　㋓ $\frac{16}{30}$　㋔ $\frac{18}{45}$

ここが大切！

分母と分子に同じ数をかけても、分数の大きさはかわらない！

解きかたと答え

分母と分子に同じ数をかけることを、倍分(ばいぶん)といいます。倍分（分母と分子に同じ数をかけること）をしても、分数の大きさはかわらないという性質をおさえましょう。

㋐～㋔のうち、$\frac{2}{5}$を倍分してできた分数は、次の２つの分数です。

㋒ $\frac{10}{25}=\frac{2\times5}{5\times5}$　　㋔ $\frac{18}{45}=\frac{2\times9}{5\times9}$

答え ㋒、㋔

教えるときのポイント！

「倍分」という用語は、学校の教科書には出てこない？

公立小学校の教科書には**「分母と分子に同じ数をかけても、分数の大きさはかわらない」**ことは載(の)っているのですが、倍分という用語は出てきません。この項目のレベルを〈５年生・発展〉としたのも、学校の教科書に出てこない用語だからです。

一方、倍分は、約分と対(つい)になる用語です。また、次の項目で習う「通分」は、倍分を使って行います。その意味で知っておいて損はない用語だと言えるでしょう。

PART 4

06 通分とは？

5年生

問題 次の分数を通分しましょう。

(1) $\frac{1}{6}$、$\frac{2}{9}$　　(2) $\frac{14}{15}$、$\frac{11}{20}$

ここが大切！

分数を**通分**するときは、
それぞれの分母を最小公倍数にそろえよう！

解きかたと答え

通分とは、**分母が違う2つ以上の分数を、分母が同じ分数に直すこと**です。

(1) **分母の6と9の最小公倍数は18**です。だから、分母を18にそろえれば通分できます。

$\frac{1}{6}=\frac{1\times3}{6\times3}=\frac{3}{18}$　　$\frac{2}{9}=\frac{2\times2}{9\times2}=\frac{4}{18}$

答え $\frac{3}{18}$、$\frac{4}{18}$

(2) **分母の15と20の最小公倍数は60**です。だから、分母を60にそろえれば通分できます。

$\frac{14}{15}=\frac{14\times4}{15\times4}=\frac{56}{60}$　　$\frac{11}{20}=\frac{11\times3}{20\times3}=\frac{33}{60}$

答え $\frac{56}{60}$、$\frac{33}{60}$

教えるときのポイント！

約分、倍分、通分の意味をきちんと区別しよう！

約分、倍分、通分のそれぞれの意味は、次の通りです。

約分…**分数の分母と分子を同じ数で割って、かんたんにすること**
倍分…**分母と分子に同じ数をかけること**
通分…**分母が違う2つ以上の分数を、分母が同じ分数に直すこと**

それぞれの意味の違いをおさえて、混同（こんどう）しないように気をつけましょう。

PART 4
07 分数の大小を比べる

5年生

問題 3つの分数$\frac{7}{12}$、$\frac{11}{18}$、$\frac{17}{30}$を小さい順に並べましょう。

ここが大切！

通分をすることで、分数の大小が比べられる！

解きかたと答え

通分をして、分母が同じ分数に直すことによって、分数の大小を比べることができます。分母の 12 と 18 と 30 の最小公倍数は 180 です。だから、分母を 180 にそろえれば通分できます。

$\frac{7}{12}=\frac{7\times15}{12\times15}=\frac{105}{180}$　　$\frac{11}{18}=\frac{11\times10}{18\times10}=\frac{110}{180}$　　$\frac{17}{30}=\frac{17\times6}{30\times6}=\frac{102}{180}$

通分した後の分子の大きさを比べると、小さい順に、$\frac{17}{30}$、$\frac{7}{12}$、$\frac{11}{18}$であることがわかります。

答え $\frac{17}{30}$、$\frac{7}{12}$、$\frac{11}{18}$

教えるときのポイント！

分数を小数に直して、大きさを比べることもできる！

上の問題の分数をそれぞれ小数に直すと、次のようになります。分数を小数に直す方法については、次の項目で解説します。

$\frac{7}{12}$ ＝約 0.58　$\frac{11}{18}$ ＝約 0.61　$\frac{17}{30}$ ＝約 0.57

分数の大小を比べるには、通分する方法と小数に直す方法の 2 つがあることをおさえておきましょう。

PART 4

08 分数を小数に直す

問題 次の分数を小数に直しましょう。

(1) $\frac{37}{50}$　(2) $3\frac{5}{8}$

ここが大切！

帯分数を小数に直すときは、
帯分数を「**整数部分と分数部分**」に分けて考えよう！

解きかたと答え

分数を小数に直すには、次のように、分子を分母で割りましょう。

(1) $\frac{37}{50}$　「分子÷分母」の形に直す

$= 37 \div 50$　37÷50を計算する

$= 0.74$

答え　0.74

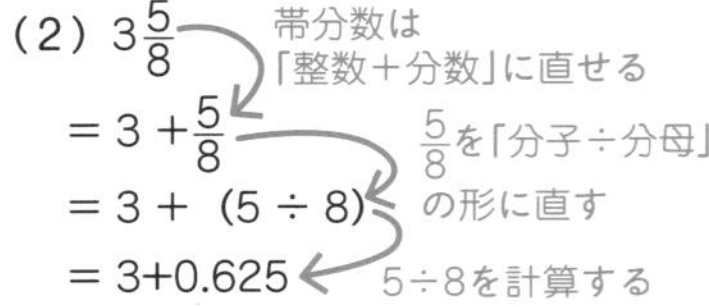

(2) $3\frac{5}{8}$　帯分数は「整数＋分数」に直せる

$= 3 + \frac{5}{8}$　$\frac{5}{8}$を「分子÷分母」の形に直す

$= 3 + (5 \div 8)$　5÷8を計算する

$= 3+0.625$

$= 3.625$

答え　3.625

教えるときのポイント！

割り切れないときもあることをおさえよう！

例えば、$\frac{1}{7}$を小数に直そうとして、分子の1を分母の7で割ると、次のようになります。

1 ÷ 7 ＝ 0.142857142857142８…

このように、**分数を小数に直そうとしても、割り切れないこともある**ことをおさえましょう。ちなみに、1 ÷ 7の商は、小数点以下に「142857」がずっと繰り返される小数です。

1 ÷ 7 ＝ 0.142857142857142857……

142857がずっと続いていく

09 小数を分数に直す

5年生

問題　次の小数を分数に直しましょう。

(1)0.2　　(2)0.45　　(3)6.328

ここが大切！

小数を分数に直すとき、約分のし忘れに気をつけよう！

解きかたと答え

小数を分数に直すには、次の関係を使います。

$0.1 = \frac{1}{10}$　　$0.01 = \frac{1}{100}$　　$0.001 = \frac{1}{1000}$

(1) $0.1 = \frac{1}{10}$ なので、$0.2 = \frac{2}{10}$ です。$\frac{2}{10}$ を約分して答えは $\frac{1}{5}$

答え $\frac{1}{5}$

(2) $0.01 = \frac{1}{100}$ なので、$0.45 = \frac{45}{100}$ です。

$\frac{45}{100}$ を約分して答えは $\frac{9}{20}$

答え $\frac{9}{20}$

(3) $6.328 = 6 + 0.328$ なので、まず0.328を分数に直します。

$0.001 = \frac{1}{1000}$ なので、$0.328 = \frac{328}{1000}$ です。$\frac{328}{1000}$ を約分すると、

$\frac{41}{125}$ になります。$\frac{41}{125}$ に6をたして、答えは $6\frac{41}{125}$

答え $6\frac{41}{125}$

教えるときのポイント！

小数を分数に直すとき、約分のし忘れに気をつけよう！

約分のし忘れというのは、典型的(てんけいてき)なケアレスミスのひとつです。例えば、学校のテストなどで、「きちんと約分をしていれば、満点だったのに……」というような経験をお持ちの方は多いのではないでしょうか。

答えが出ても「さらに約分できるのではないか」ということを常に確かめて、約分のし忘れを防いでいきましょう。

PART 4

10 帯分数のくり上げとは？

4年生

問題 次の分数をくり上げましょう。

(1) $1\frac{4}{3}$ (2) $9\frac{25}{18}$

ここが大切！

帯分数のくり上げとは、**帯分数の整数部分を1大きくして、正しい帯分数に直す**こと！

解きかたと答え

(1) $1\frac{4}{3}$

$1\frac{4}{3}$を和の形にする

$= 1 + \frac{4}{3}$

$\frac{4}{3}$を$1\frac{1}{3}$にする

$= 1 + 1\frac{1}{3}$

1と1をたす

$= 2\frac{1}{3}$

答え $2\frac{1}{3}$

(2) $9\frac{25}{18}$

$9\frac{25}{18}$を和の形にする

$= 9 + \frac{25}{18}$

$\frac{25}{18}$を$1\frac{7}{18}$にする

$= 9 + 1\frac{7}{18}$

9と1をたす

$= 10\frac{7}{18}$

答え $10\frac{7}{18}$

教えるときのポイント！

帯分数のくり上げを、線分図で表して、その意味を知ろう！

帯分数のくり上げができるようになると、88ページ以降で学ぶ**「分数のたし算」の計算が楽に**なります。

ただ、「帯分数のくり上げ」の式の変形が何を意味するのかを理解できていない場合は、上の **問題** (1) の帯分数のくり上げを、右のように、**線分図で表して、その意味を確かめましょう。**

この線分図からわかる通り、**帯分数の整数部分を1大きくして、正しい帯分数に直す**ことが、帯分数のくり上げの意味です。

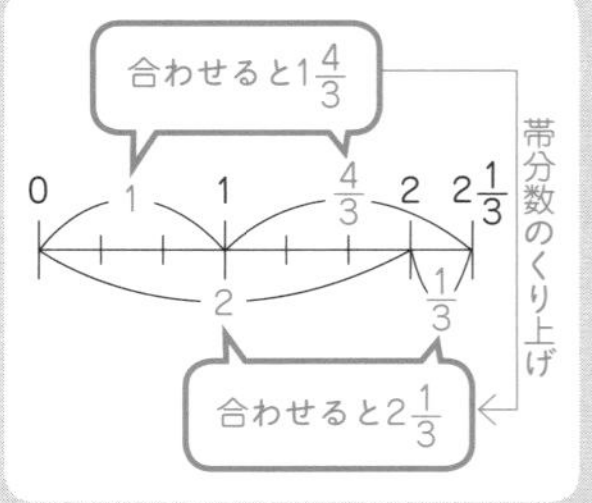

PART 4

11 帯分数のくり下げとは？

4年生

問題 次の分数をくり下げましょう。

(1) $2\frac{3}{5}$　(2) $16\frac{20}{21}$

ここが大切！

帯分数のくり下げとは、
帯分数の整数部分が1小さくなるように変形すること！

解きかたと答え

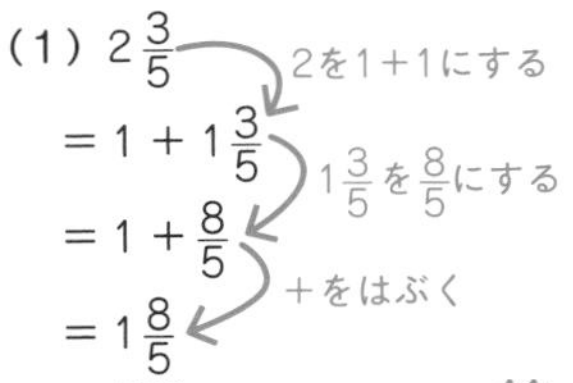

(1) $2\frac{3}{5}$
$=1+1\frac{3}{5}$
$=1+\frac{8}{5}$
$=1\frac{8}{5}$

答え $1\frac{8}{5}$

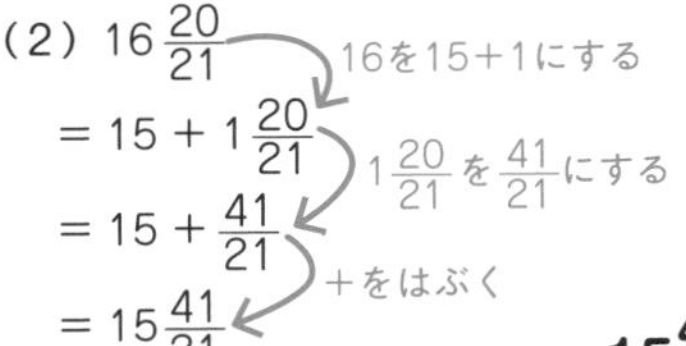

(2) $16\frac{20}{21}$
$=15+1\frac{20}{21}$
$=15+\frac{41}{21}$
$=15\frac{41}{21}$

答え $15\frac{41}{21}$

教えるときのポイント！

帯分数のくり下げを、線分図で表して、その意味を知ろう！

帯分数のくり下げができるようになると、89ページ以降で学ぶ「分数の引き算」の計算が楽になります。

「帯分数のくり下げ」の式の変形が何を意味するのか理解しづらいときは、上の**問題**（1）の帯分数のくり下げを、右のように、線分図で表して、その意味を理解しましょう。

この線分図からわかる通り、帯分数の整数部分が1小さくなるように変形することが、帯分数のくり下げの意味です。

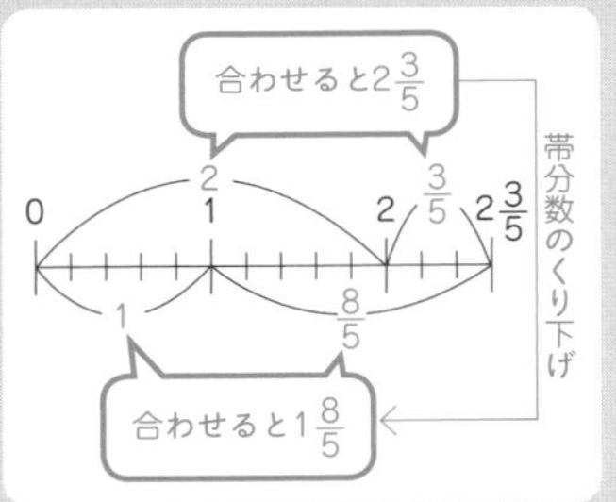

PART 4 分数の計算

PART 4

12 分母が同じ分数のたし算

問題 次の計算をしましょう。

(1) $\frac{8}{9}+\frac{2}{9}$　　(2) $2\frac{11}{12}+1\frac{7}{12}$

ここが大切！

仮分数に直して計算するより、
帯分数のくり上げを使って解くほうが**楽**！

解きかたと答え

分母が同じ分数のたし算では、分母はそのままにして、分子をたしましょう。

(1) $\frac{8}{9}+\frac{2}{9}$　分母はそのままにして分子をたす

$=\frac{10}{9}$　帯分数に直す

$=1\frac{1}{9}$

答え $1\frac{1}{9}$

(2) $2\frac{11}{12}+1\frac{7}{12}$　整数部分の2と1をたして、分子の11と7をたす

$=3\frac{18}{12}$　帯分数のくり上げ

$=4\frac{6}{12}$　約分を忘れずに！

$=4\frac{1}{2}$

答え $4\frac{1}{2}$

教えるときのポイント！

仮分数に直すより、帯分数のくり上げを使って解くほうが速い！

上の問題（2）について、次のように、仮分数に直して解く方法もあります。ただし、このように仮分数に直して計算すると、途中式で分子の数が大きくなり、途中式の数が増えるため、間違いやすくなります。

$$2\frac{11}{12}+1\frac{7}{12}=\frac{35}{12}+\frac{19}{12}=\frac{54}{12}=4\frac{6}{12}=4\frac{1}{2}$$

そのため、「帯分数のくり上げ」に慣れて、すばやく正確に計算できるように練習していきましょう。

PART 4
13 分母が同じ分数の引き算

4年生

問題 次の計算をしましょう。

(1) $\frac{15}{16}-\frac{3}{16}$　　(2) $8\frac{3}{25}-5\frac{8}{25}$

ここが大切！

仮分数に直して計算するより、
帯分数のくり下げを使って解くほうが**楽**！

解きかたと答え

分母が同じ分数の引き算では、分母はそのままにして、分子を引きましょう。

(1) $\frac{15}{16}-\frac{3}{16}$ 分母はそのままにして分子を引く

$=\frac{12}{16}$ 約分を忘れずに！

$=\frac{3}{4}$

答え $\frac{3}{4}$

(2) $8\frac{3}{25}-5\frac{8}{25}$ 分子の3から8は引けないので帯分数のくり下げをする

$=7\frac{28}{25}-5\frac{8}{25}$ 整数部分の7から5を引いて、分子の28から8を引く

$=2\frac{20}{25}$ 約分を忘れずに！

$=2\frac{4}{5}$

答え $2\frac{4}{5}$

教えるときのポイント！

仮分数に直すより、帯分数のくり下げを使って解くほうが速い！

上の 問題 (2) について、次のように、仮分数に直して解く方法もあります。

$$8\frac{3}{25}-5\frac{8}{25}=\frac{203}{25}-\frac{133}{25}=\frac{70}{25}=2\frac{20}{25}=2\frac{4}{5}$$

ただし、このように仮分数に直して計算すると、途中式で分子の数が大きくなり、途中式の数が増えて、解くのに時間がかかってしまいます。
そのため、「帯分数のくり下げ」に慣れて、スピーディーかつ正確に計算できるように練習していきましょう。

PART 4

14 分母が違う分数のたし算

5年生

問題　次の計算をしましょう。

（1）$\frac{5}{6}+\frac{7}{8}$　　（2）$3\frac{19}{30}+1\frac{19}{20}$

ここが大切！

分母の最小公倍数で通分したら、
あとは「分母が同じ分数のたし算」と流れは同じ！

解きかたと答え

分母が違う分数のたし算では、通分して分母をそろえてから計算しましょう。

（1）$\frac{5}{6}+\frac{7}{8}$　分母の最小公倍数24で通分する

$=\frac{20}{24}+\frac{21}{24}$　分子をたす

$=\frac{41}{24}$　帯分数に直す

$=1\frac{17}{24}$

答え　$1\frac{17}{24}$

（2）$3\frac{19}{30}+1\frac{19}{20}$　分母の最小公倍数60で通分する

$=3\frac{38}{60}+1\frac{57}{60}$　分子をたす

$=4\frac{95}{60}$　帯分数のくり上げ

$=5\frac{35}{60}$　約分を忘れずに！

$=5\frac{7}{12}$

答え　$5\frac{7}{12}$

教えるときのポイント！

「分母が違う分数のたし算」に苦戦するお子さんがいたら…

上の 問題 （2）のように、「分母が違う分数のたし算」の、途中式が長い計算では、解くのを大変に感じるお子さんもいるようです。しかし、88ページの「分母が同じ分数のたし算」との違いは、最初に通分するところだけです。

「分母が違う分数のたし算」に苦戦するお子さんがいたら、「分母が同じ分数のたし算（88ページ）」と「通分（82ページ）」を反復練習して慣れた後に、「分母が違う分数のたし算」にとりかかるのもひとつの方法です。

PART 4

15 分母が違う分数の引き算

5年生

問題 次の計算をしましょう。

(1) $\frac{7}{9} - \frac{5}{12}$　　(2) $7\frac{1}{21} - 2\frac{13}{28}$

ここが大切！

分数の引き算をした後は、**約分できるかどうかをチェック**しよう！

解きかたと答え

分母が違う分数の引き算では、通分して分母をそろえてから計算しましょう。

(1) $\frac{7}{9} - \frac{5}{12}$ 　分母の最小公倍数36で通分する

$= \frac{28}{36} - \frac{15}{36}$ 　分子を引く

$= \frac{13}{36}$

答え $\frac{13}{36}$

(2) $7\frac{1}{21} - 2\frac{13}{28}$ 　分母の最小公倍数84で通分する

$= 7\frac{4}{84} - 2\frac{39}{84}$ 　帯分数のくり下げ

$= 6\frac{88}{84} - 2\frac{39}{84}$ 　整数部分の6から2を引いて、分子の88から39を引く

$= 4\frac{49}{84}$ 　約分を忘れずに！

$= 4\frac{7}{12}$

答え $4\frac{7}{12}$

教えるときのポイント！

連除法を使えば、楽に最小公倍数が見つけられる！

上の 問題 (2) では、分母の 21 と 28 の最小公倍数を求める必要があります。倍数を書き出していって最小公倍数を見つける方法もありますが、それでは時間がかかります。一方、74 ページで習った連除法を使えば、次のようにかんたんに 21 と 28 の最小公倍数の 84 を求めることができます。

```
7 ) 21  28
     3   4  ←L字型にかける（最小公倍数は 7 × 3 × 4 = 84）
```

PART 4

16 約分ができない分数のかけ算 その1 6年生

問題 次の計算をしましょう。

(1) $\frac{3}{5} \times \frac{2}{7}$　　(2) $7 \times \frac{9}{10}$

ここが大切！

分数×整数（整数×分数）では、整数を$\frac{整数}{1}$に直して計算しよう！

解きかたと答え

分数のかけ算では、分母どうし、分子どうしをかけましょう。

(1) $\frac{3}{5} \times \frac{2}{7}$
$= \frac{3 \times 2}{5 \times 7}$ （分母どうし、分子どうしをかける）
$= \frac{6}{35}$

答え $\frac{6}{35}$

(2) $7 \times \frac{9}{10}$ （7を$\frac{7}{1}$に直す（整数は$\frac{整数}{1}$に直せる））
$= \frac{7}{1} \times \frac{9}{10}$ （分母どうし、分子どうしをかける）
$= \frac{7 \times 9}{1 \times 10}$
$= \frac{63}{10}$ （帯分数に直す）
$= 6\frac{3}{10}$

答え $6\frac{3}{10}$

教えるときのポイント！

整数を$\frac{整数}{1}$に直して計算しよう！

学校の教科書では、分数×整数（整数×分数）の計算を、次のような公式を使って解くように紹介している場合があります。

【公式】 $\frac{\triangle}{\bigcirc} \times \square = \frac{\triangle \times \square}{\bigcirc}$　　【例】 $\frac{9}{10} \times 7 = \frac{9 \times 7}{10} = \frac{63}{10} = 6\frac{3}{10}$

意味をわかったうえで、この公式を使うのはいいのですが、意味を理解せず使うのはおすすめしません。

そこで、分数×整数（整数×分数）では、整数を$\frac{整数}{1}$に直して計算することをおすすめします。こちらのほうがシンプルで、間違いも少なくなるからです。

PART 4

17 約分ができない分数のかけ算 その2

6年生

問題 次の計算をしましょう。

$$5\frac{1}{6} \times 2\frac{5}{9}$$

ここが大切！

帯分数をふくむかけ算は、
帯分数を仮分数に直してから計算しよう！

解きかたと答え

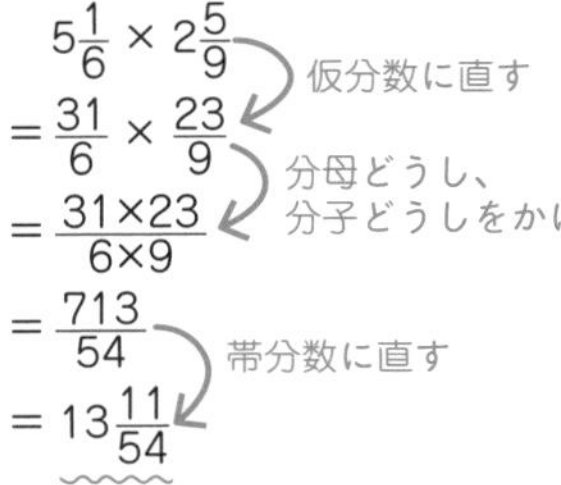

答え $13\frac{11}{54}$

教えるときのポイント！

帯分数をふくむたし算とかけ算を区別しよう！

帯分数をふくむたし算では、**仮分数に直さず帯分数のまま計算**しました。一方、**帯分数をふくむかけ算**は、**仮分数に直してから計算**する必要があるので区別しましょう。

[例 1] 帯分数をふくむたし算

$1\frac{2}{5} + 2\frac{1}{5}$

帯分数のままたす

$= 3\frac{3}{5}$

[例 2] 帯分数をふくむかけ算

$1\frac{2}{5} \times 2\frac{1}{5}$

仮分数に直す

$= \frac{7}{5} \times \frac{11}{5}$

分母どうし、
分子どうしをかける

$= \frac{77}{25}$

帯分数に直す

$= 3\frac{2}{25}$

PART 4

18 約分ができる分数のかけ算

6年生

問題 次の計算をしましょう。

(1) $\frac{9}{14} \times \frac{7}{12}$　　(2) $1\frac{11}{15} \times 4\frac{1}{6}$

ここが大切！

かける前に約分することで、**すばやく正確に計算**できる！

解きかたと答え

約分できる分数のかけ算は、次の順に計算しましょう。

①かける前に約分する　②分母どうし、分子どうしをかける

※かけてから約分すると、ミスしやすくなるので、必ず「かける前に約分」しましょう。

(1) $\frac{9}{14} \times \frac{7}{12}$

$= \frac{\overset{3}{\cancel{9}} \times \overset{1}{\cancel{7}}}{\underset{2}{\cancel{14}} \times \underset{4}{\cancel{12}}}$ ← かける前に約分する

分母どうし、分子どうしをかける

$= \frac{3}{8}$

答え $\frac{3}{8}$

(2) $1\frac{11}{15} \times 4\frac{1}{6}$ 仮分数に直す

$= \frac{26}{15} \times \frac{25}{6}$

$= \frac{\overset{13}{\cancel{26}} \times \overset{5}{\cancel{25}}}{\underset{3}{\cancel{15}} \times \underset{3}{\cancel{6}}}$ ← かける前に約分する

分母どうし、分子どうしをかける

$= \frac{65}{9}$

帯分数に直す

$= 7\frac{2}{9}$

答え $7\frac{2}{9}$

教えるときのポイント！

3つ以上の帯分数のかけ算もできるようになろう！

分数のかけ算に慣れてきたら、3つ以上の帯分数のかけ算にも挑戦してみましょう。

[例] $4\frac{5}{18} \times 1\frac{11}{21} \times 2\frac{1}{22}$

解きかた

$4\frac{5}{18} \times 1\frac{11}{21} \times 2\frac{1}{22}$ 仮分数に直す

$= \frac{77}{18} \times \frac{32}{21} \times \frac{45}{22}$

$= \frac{\overset{1}{\cancel{77}} \times \overset{8}{\cancel{32}} \times \overset{5}{\cancel{45}}}{\underset{1}{\cancel{18}} \times \underset{3}{\cancel{21}} \times \underset{1}{\cancel{22}}}$ ← かける前に約分する

分母どうし、分子どうしをかける

$= \frac{40}{3}$

帯分数に直す

$= 13\frac{1}{3}$

PART 4

19 逆数（ぎゃくすう）とは？

6年生

問題 次の数の逆数を答えましょう。

(1) $\frac{5}{6}$　(2) $2\frac{3}{4}$　(3) $\frac{1}{17}$　(4) 3

ここが大切！

逆数のざっくりした意味

分数の分母と分子をひっくり返した数

逆数の本当の意味

2つの数をかけた答えが1になるとき、一方の数をもう一方の数の逆数という

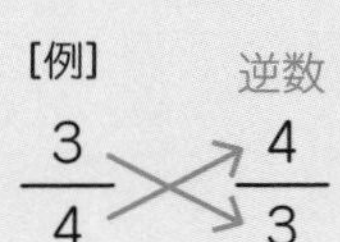

解きかたと答え

(1) $\frac{5}{6}$の逆数は、分母と分子をひっくり返した$\frac{6}{5}$（または$1\frac{1}{5}$）です。

(2) $2\frac{3}{4}$を仮分数に直すと$\frac{11}{4}$です。$\frac{11}{4}$の逆数は、分母と分子をひっくり返した$\frac{4}{11}$です。

(3) $\frac{1}{17}$の逆数は、分母と分子をひっくり返した$\frac{17}{1}$です。$\frac{整数}{1}$は整数に直せるので、$\frac{17}{1}=17$です。

(4) 整数$=\frac{整数}{1}$なので、$3=\frac{3}{1}$です。$\frac{3}{1}$の逆数は、分母と分子をひっくり返した$\frac{1}{3}$です。

教えるときのポイント！

算数用語の正しい意味を言えるようになろう！

逆数の正しい意味は「2つの数をかけた答えが1になるとき、一方の数をもう一方の数の逆数という」です。これを正確に言える小学生は多くありません。

例えば、$\frac{5}{6}\times\frac{6}{5}=1$です。だから、「$\frac{5}{6}$の逆数は$\frac{6}{5}$」と言えます。算数用語の意味を正しく言えるようになることは、「言葉の意味を正確に理解する」という点で、国語力の向上にもつながります。

PART 4

20 約分ができない分数の割り算 6年生

問題 次の計算をしましょう。

(1) $\frac{2}{9} \div \frac{3}{8}$　　(2) $4\frac{4}{5} \div 2\frac{3}{7}$

ここが大切！

分数の割り算では、**割る数を逆数にしてかける**！

解きかたと答え

(1) $\frac{2}{9} \div \frac{3}{8}$ 割る数の逆数をかける

$= \frac{2}{9} \times \frac{8}{3}$ 分母どうし、分子どうしをかける

$= \frac{16}{27}$

答え $\frac{16}{27}$

(2) $4\frac{4}{5} \div 2\frac{3}{7}$ 仮分数に直す

$= \frac{24}{5} \div \frac{17}{7}$ 割る数の逆数をかける

$= \frac{24}{5} \times \frac{7}{17}$ 分母どうし、分子どうしをかける

$= \frac{168}{85}$ 帯分数に直す

$= 1\frac{83}{85}$

答え $1\frac{83}{85}$

教えるときのポイント！

「分数で割る」ってどういう意味？

例えば、「$3 \div \frac{1}{2}$」を計算すると右のようになります。

$$3 \div \frac{1}{2} = 3 \times \frac{2}{1} = 3 \times 2 = 6$$

割る数の逆数をかける

$\frac{2}{1} = 2$

「$3 \div \frac{1}{2} = 6$」と求められましたが、これは何を表しているのでしょうか？

例えば、「$6 \div 3 = 2$」という計算は、「6の中に3が2つ入っている」ことを表します。同じように考えれば、「$3 \div \frac{1}{2} = 6$」は「**3の中に$\frac{1}{2}$が6こ入っている**」ことを表します。右上のように線分図で表すと、それがよくわかります。

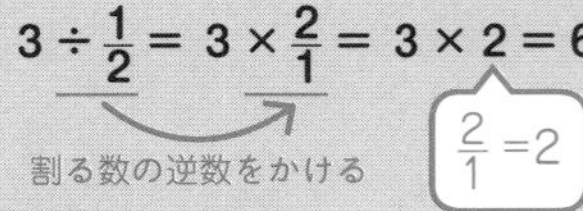

PART 4

21 約分ができる分数の割り算

6年生

問題 次の計算をしましょう。

$$7\frac{7}{8} \div 6\frac{5}{12}$$

ここが大切！

帯分数をふくむ割り算も、
帯分数を仮分数に直してから計算しよう！

解きかたと答え

$$7\frac{7}{8} \div 6\frac{5}{12}$$ 仮分数に直す

$$= \frac{63}{8} \div \frac{77}{12}$$ 割る数の逆数をかける

$$= \frac{63}{8} \times \frac{12}{77}$$

$$= \frac{\overset{9}{\cancel{63}} \times \overset{3}{\cancel{12}}}{\underset{2}{\cancel{8}} \times \underset{11}{\cancel{77}}}$$ ← かける前に約分する

分母どうし、分子どうしをかける

$$= \frac{27}{22}$$ 帯分数に直す

$$= 1\frac{5}{22}$$

答え $1\frac{5}{22}$

教えるときのポイント！

3つ以上の帯分数の割り算もできるようになろう！

分数の割り算に慣れてきたら、**3つ以上の帯分数の割り算**にも挑戦してみましょう。
例えば、次のような問題です。

[例] $2\frac{2}{15} \div 9\frac{3}{5} \div 2\frac{10}{27}$

解きかた

$$2\frac{2}{15} \div 9\frac{3}{5} \div 2\frac{10}{27}$$ 仮分数に直す

$$= \frac{32}{15} \div \frac{48}{5} \div \frac{64}{27}$$ 割る数の逆数をかける

$$= \frac{32}{15} \times \frac{5}{48} \times \frac{27}{64}$$ かける前に約分する

$$= \frac{\overset{1}{\cancel{32}} \times \overset{1}{\cancel{5}} \times \overset{3}{\cancel{27}}}{\underset{1}{\cancel{15}} \times \underset{16}{\cancel{48}} \times \underset{2}{\cancel{64}}}$$ 分母どうし、分子どうしをかける

$$= \frac{3}{32}$$

PART 4

22 分数と小数の混じったかけ算、割り算 6年生

問題 次の計算をしましょう。

$$4.6 \div 3\frac{9}{20} \times 1\frac{11}{16}$$

ここが大切！

分数と小数の混じったかけ算、割り算では、
小数を分数に直して計算しよう！

解きかたと答え

$$4.6 \div 3\frac{9}{20} \times 1\frac{11}{16}$$

$4.6=4\frac{6}{10}=4\frac{3}{5}$

$$=4\frac{3}{5} \div 3\frac{9}{20} \times 1\frac{11}{16}$$

仮分数に直す

$$=\frac{23}{5} \div \frac{69}{20} \times \frac{27}{16}$$

割る数の逆数をかける

$$=\frac{23}{5} \times \frac{20}{69} \times \frac{27}{16}$$

$$=\frac{\overset{1}{\cancel{23}} \times \overset{1}{\cancel{20}} \times \overset{9}{\cancel{27}}}{\underset{1}{\cancel{5}} \times \underset{\underset{1}{3}}{\cancel{69}} \times \underset{4}{\cancel{16}}}$$

← かける前に約分する

分母どうし、
分子どうしをかける

$$=\frac{9}{4}$$

帯分数に直す

$$=2\frac{1}{4}$$

答え $2\frac{1}{4}$

教えるときのポイント！

「小数÷小数」は「分数÷分数」に直したほうがいい場合がある！

例えば、「3.4 ÷ 2.8」という計算。これを、筆算で解くと 3.4 ÷ 2.8 ＝ 1.2142857…となって割り切れません。このようなときは、はじめから「分数÷分数」に直して、右のように解くことをおすすめします。

解きかた

$3.4=3\frac{2}{5}$　$2.8=2\frac{4}{5}$

$$3.4 \div 2.8$$

$$=3\frac{2}{5} \div 2\frac{4}{5}$$

仮分数に直す

$$=\frac{17}{5} \div \frac{14}{5}$$

割る数の逆数をかけて約分

$$=\frac{17}{\underset{1}{\cancel{5}}} \times \frac{\overset{1}{\cancel{5}}}{14}$$

$$=\frac{17}{14}=1\frac{3}{14}$$

PART 4

23 覚えるべき分数小数変換（へんかん）

問題 （1）と（2）の分数を小数に、（3）と（4）の小数を分数にそれぞれ直しましょう。

（1）$\frac{3}{4}$　（2）$2\frac{7}{8}$　（3）0.25　（4）5.125

ここが大切！

次の**分数と小数の変換**を覚えよう！

$\frac{1}{2}=0.5$　$\frac{1}{4}=0.25$　$\frac{3}{4}=0.75$

$\frac{1}{5}=0.2$　$\frac{2}{5}=0.4$　$\frac{3}{5}=0.6$　$\frac{4}{5}=0.8$

$\frac{1}{8}=0.125$　$\frac{3}{8}=0.375$　$\frac{5}{8}=0.625$　$\frac{7}{8}=0.875$

解きかたと答え

（1）$\frac{3}{4}=$ **0.75**　（2）$2\frac{7}{8}=2+\frac{7}{8}=2+0.875=$ **2.875**

（3）$0.25=$ **$\frac{1}{4}$**　（4）$5.125=5+0.125=5+\frac{1}{8}=$ **$5\frac{1}{8}$**

教えるときのポイント！

なぜ「分数と小数の変換」を覚えたほうがいいの？

例えば、「0.875 を分数に直しましょう」という問題で、$\frac{875}{1000}$ を約分していって、$\frac{7}{8}$ にするのは時間もかかりますし、ミスもしやすくなります。一方、0.875 と $\frac{7}{8}$ が等しいことを知っていれば、すぐに $\frac{7}{8}$ と答えられます。

計算の速い子は、「分数と小数の変換」を覚えていることが多いです。

PART 4

24 分数小数変換を使った計算

問題 次の計算をしましょう。

（1）3.375×32　　（2）4.75÷5.625

ここが大切！

前の項目で習った**分数小数変換**を使えば、
計算がグンと楽になることがある！

解きかたと答え

（1）3.375×32

$= 3\frac{3}{8} \times \frac{32}{1}$　（$3.375 = 3\frac{3}{8}$、$32 = \frac{32}{1}$）

$= \frac{27}{8} \times \frac{32}{1}$　仮分数に直す

$= \frac{27 \times \overset{4}{\cancel{32}}}{\underset{1}{\cancel{8}} \times 1}$　←かける前に約分する

$= \frac{108}{1}$　分母どうし、分子どうしをかける

$= 108$　整数に直す

答え 108

（2）$4.75 \div 5.625$

$= 4\frac{3}{4} \div 5\frac{5}{8}$　（$4.75 = 4\frac{3}{4}$、$5.625 = 5\frac{5}{8}$）

$= \frac{19}{4} \div \frac{45}{8}$　仮分数に直す

$= \frac{19}{4} \times \frac{8}{45}$　割る数の逆数をかける

$= \frac{19 \times \overset{2}{\cancel{8}}}{\underset{1}{\cancel{4}} \times 45}$　←かける前に約分する

$= \frac{38}{45}$　分母どうし、分子どうしをかける

答え $\frac{38}{45}$

教えるときのポイント！

分数小数変換を使った計算と筆算では、計算スピードが格段(かくだん)に違う！

（1）の「3.375 × 32」を筆算で解こうとすると、ややこしい計算になります。一方、$\frac{3}{8} = 0.375$ であることを知っていれば、「$3.375 \times 32 = 3\frac{3}{8} \times 32$」と変形でき、すばやく正確に計算できます。

（2）の「4.75 ÷ 5.625」を筆算で解こうとすると割り切れませんが、「$4\frac{3}{4} \div 5\frac{5}{8}$」に変形するとスムーズに計算できます。

分数小数変換を使った計算に慣れて、計算力を伸ばしていきましょう。

PART 5
01 直角(ちょっかく)とは？

2、4年生

問題 次の□にあてはまる数を答えましょう。

直角(ちょっかく)（または、1直角）とは、㋐□度のことです。

一直線(いっちょくせん)の角度は、2直角（直角2つ分）であり、

㋑□度です。

一回転(いっかいてん)させた角度は、4直角（直角4つ分）であり、

㋒□度です。

㋐ ㋑ ㋒

ここが大切！

直角、一直線の角度、一回転させた角度が、
それぞれ何度かをおさえよう！

解きかたと答え

㋑直角2つ分なので、90 × 2 = 180（度）
㋒直角4つ分なので、90 × 4 = 360（度）

答え ㋐90 ㋑180 ㋒360

教えるときのポイント！

2直角や4直角という言葉に慣れよう！

上の**問題**で出てきた、2直角や4直角という言葉は、あまりなじみがないかもしれません。しかし、小学4年生の教科書に出てくる用語ですから、その意味とともに、しっかりおさえる必要があります。
例えば、「3直角は何度ですか？」という問題にもスムーズに答えられるようにしましょう。
答えは、90 × 3 = 270（度）です。

3直角は何度？

用語解説
直角……90度のこと

PART 5

02 垂直と平行

問題 次の□にあてはまる言葉を答えましょう。同じ記号には、同じ言葉が入ります。

（1）2本の直線が交わって作る角が直角（＝90度）のとき、この2本の直線は㋐□であるといいます。

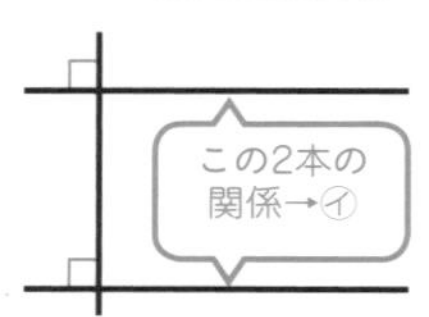

（2）1本の直線に㋐□な2本の直線は㋑□であるといいます。

この2本の
関係→㋑

ここが大切！

直角と垂直の意味の違いを言えるようになろう！

答え ㋐垂直 ㋑平行

教えるときのポイント！

直角と垂直の意味の違いを言えますか？

直角と垂直の意味について、大人でもその違いを言える方は少ないのではないでしょうか。ここで、この2つの用語の意味を確認しておきましょう。

直角とは、**90度**のことです。「直角＝90度」とおさえておきましょう。

一方、**2本の直線が交わって作る角が直角（＝90度）のとき、この2本の直線は垂直である**といいます。

つまり、直角は「角の大きさ」を表し、垂直は「2本の直線の交わりかた」を表す言葉だということです。

少しややこしいところですが、用語の意味を正確に理解するのは大事なので、おさえておきましょう。

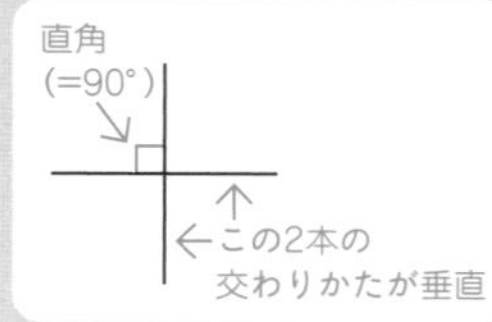

PART 5
03 三角形と角度

2、5年生

問題 次の三角形（3本の直線でかこまれた形）で、アとイの角の大きさをそれぞれ答えましょう。

（1）

（2）
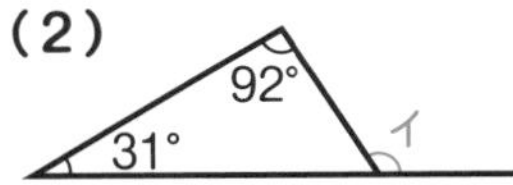

ここが大切！

三角形の内角（内側の角）の和は180度であることをおさえよう！

PART 5 平面図形

解きかたと答え

（1）三角形の内角の和は180度なので、
角ア＝180－(80＋54)＝180－134＝46（度）

答え　ア…46度

（2）角イの隣の内角を、右下の図のように、角ウとします。
三角形の内角の和は180度なので、
角ウ＝180－(92＋31)
＝180－123＝57（度）
一直線の角度は180度なので、
角イ＝180－57＝123（度）

答え　イ…123度

教えるときのポイント！

三角形の外角の性質を知ろう！

上の 問題 （2）の角イのような、三角形の外側の角を、外角といいます。そして、「三角形の外角は、それと隣り合わない2つの内角の和に等しい」という性質があります。この性質を使うと、角イ＝92＋31＝123（度）とかんたんに求めることができるので、知っておくことをおすすめします。

PART 5
04 四角形と角度

2、4、5年生

問題 **次の四角形（4本の直線でかこまれた形）で、アとイの角の大きさをそれぞれ答えましょう。**

（1）

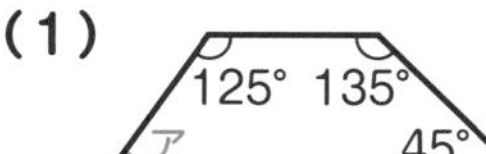

（2）

イ
70°
60°

ここが大切！

四角形の内角の和は**360度**であることをおさえよう！

解きかたと答え

（1）四角形の内角の和は 360 度なので、
角ア＝ 360 －（125 ＋ 135 ＋ 45）
＝ 360 － 305 ＝ 55（度）

答え　ア…55度

（2）角イの隣の内角を、右の図のように、角ウとします。
四角形の内角の和は 360 度なので、
角ウ＝ 360 －（90 ＋ 70 ＋ 60）＝ 360 － 220 ＝ 140（度）
一直線の角度は 180 度なので、
角イ＝ 180 － 140 ＝ 40（度）

角ウとする

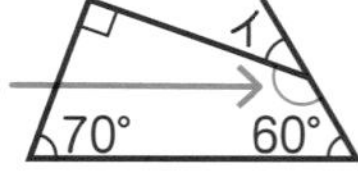

答え　イ…40度

教えるときのポイント！

四角形の内角の和はなぜ 360 度なの？

四角形の内角の和が 360 度である理由について説明していきます。
まず、右の図のように、四角形に**対角線**（たいかくせん）**（向かい合った頂点をつないだ直線）**を引いてください。
そうすると、四角形は、２つの三角形 A と B に分かれます。三角形 A の内角の和（ア＋イ＋ウ）と、三角形 B の内角の和（エ＋オ＋カ）はどちらも 180 度です。ですから、**四角形の内角の和（ア＋イ＋ウ＋エ＋オ＋カ）は、（180 × 2 ＝）360 度である**ことがわかります。

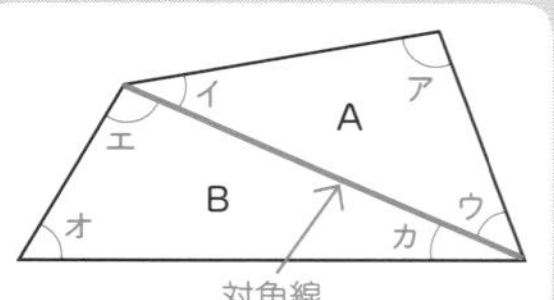

PART 5

05 四角形の種類（正方形、長方形）

2、4年生

問題 次の□にあてはまる言葉を答えましょう。

（1）右の図のように、4つの辺の長さが等しく、4つの角が直角の四角形を㋐□といいます。

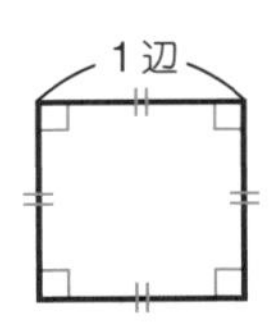

（2）右の図のように、4つの角が直角の四角形を㋑□といいます。

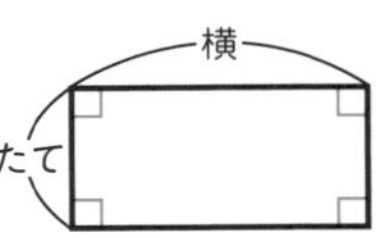

PART 5 平面図形

ここが大切！

正方形と長方形の対角線の交わりかたを比べてみよう！

答え ㋐正方形 ㋑長方形

教えるときのポイント！

正方形と長方形の対角線がそれぞれどう交わるか区別しよう！

正方形と長方形のそれぞれに2本ずつ対角線を引くと、次の図のようになります。

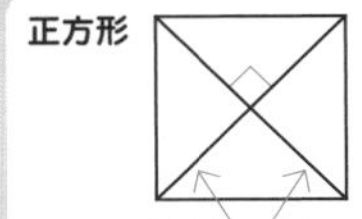

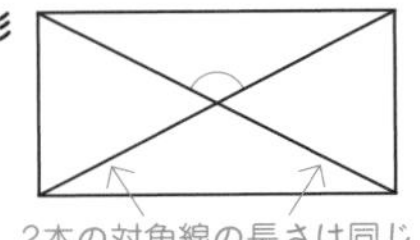

正方形の2本の対角線は垂直に交わっています。一方、長方形の2本の対角線は垂直に交わっていません。また、正方形と長方形のそれぞれの2本の対角線の長さは同じです。

さまざまな四角形の性質を学ぶうえで「対角線の長さや交わりかた」を知ることは大切です。

PART 5

06 四角形の種類(平行四辺形、台形、ひし形) 2、4、5年生

問題 次の□にあてはまる言葉を答えましょう。

(1)右の図のように、2組の向かい合う辺がそれぞれ平行な四角形を㋐□といいます。

高さ
底辺
⊐や⊐は平行であることを表します。

(2)右の図のように、1組の向かい合う辺が平行な四角形を㋑□といいます。

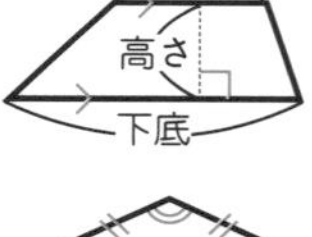

(3)右の図のように、4つの辺の長さが等しい四角形を㋒□といいます。

ここが大切!

平行四辺形、台形、ひし形のそれぞれの性質をおさえよう!

答え ㋐平行四辺形 ㋑台形 ㋒ひし形

教えるときのポイント!

平行四辺形、台形、ひし形のそれぞれの性質を比べよう!

平行四辺形、台形、ひし形の3つの四角形のうち、向かい合った2組の辺の長さがそれぞれ等しいのは、平行四辺形とひし形だけです。

平行四辺形　ひし形

向かい合った2組の辺の長さがそれぞれ等しい

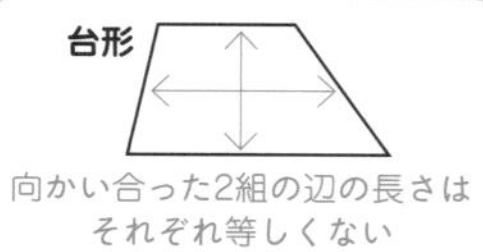

また、平行四辺形、台形、ひし形の3つの四角形のうち、対角線が垂直に交わるのは、ひし形だけです。

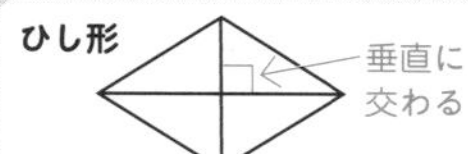

PART 5

07 四角形の面積（正方形、長方形）

4年生

問題 次の四角形の面積をそれぞれ求めましょう。

（1）正方形

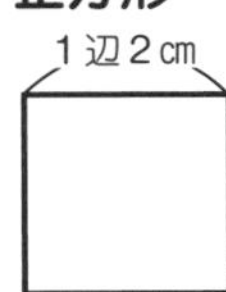

（2）長方形

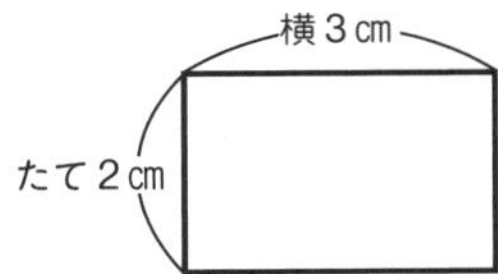

ここが大切！

「正方形の面積＝1辺×1辺」「長方形の面積＝たて×横」でそれぞれ求められる理由を知ろう！

PART 5 平面図形

解きかたと答え

（1）「正方形の面積＝1辺×1辺」なので、2×2＝**4（㎠）**

（2）「長方形の面積＝たて×横」なので、2×3＝**6（㎠）**

教えるときのポイント！

正方形と長方形の面積を求める公式が成り立つ理由は？

広さのことを面積といいます。**1辺が1㎝の正方形の面積**が、1㎠（読みかたは、1平方センチメートル）です。

問題（1）の正方形の1辺（2㎝）を1㎝ずつ、きざんで方眼にすると、右のようになります。（1）の正方形の中に、1辺が1㎝の正方形が、2×2＝4（こ）並んだので、面積が4㎠だとわかります。ここで、（1）の正方形の1辺に並ぶ（小さい）正方形の数（2こ）と1辺の長さの数（2㎝）は同じです。だから、正方形の面積は「1辺×1辺」で求められます。

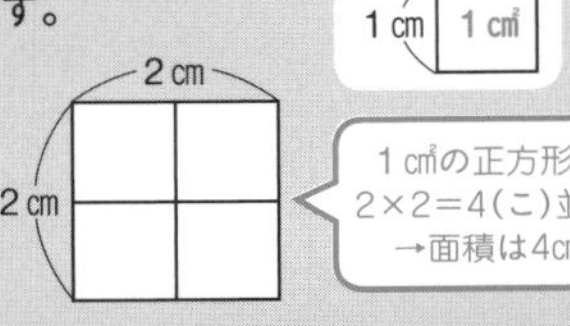

長方形の面積が「たて×横」で求められる理由も、右の図を使って、同じように説明できます。

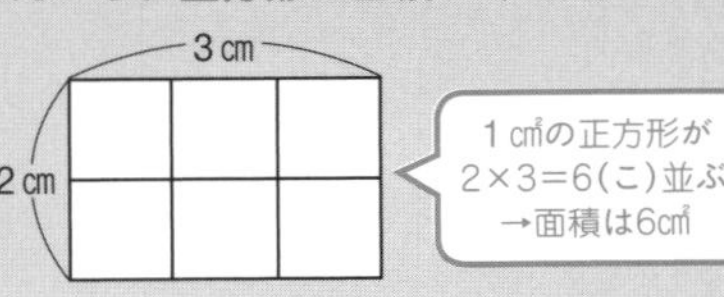

PART 5

08 四角形の面積(平行四辺形、台形)

問題 次の四角形の面積をそれぞれ求めましょう。

（1）平行四辺形

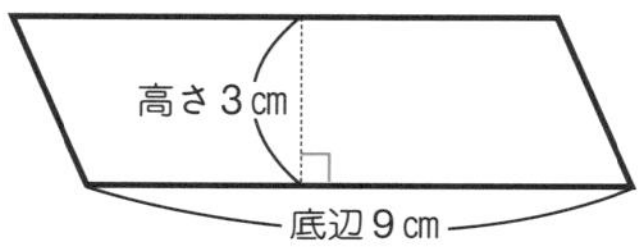

（2）台形

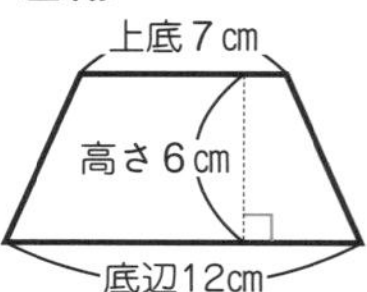

ここが大切！

平行四辺形の面積＝底辺×高さ
台形の面積＝（上底＋下底）×高さ÷2
であることをおさえよう！

解きかたと答え

（1）「平行四辺形の面積＝底辺×高さ」なので、9×3＝**27（㎠）**

（2）「台形の面積＝（上底＋下底）×高さ÷2」なので、(7＋12)×6÷2＝**57（㎠）**

教えるときのポイント！

等脚台形（とうきゃくだいけい）という形を知っていますか？

右のように、**台形の一種（いっしゅ）で、平行でない1組の辺の長さが等しい台形**を、等脚台形といいます。

ふつうの台形は、2本の対角線の長さは等しくありません。

一方、等脚台形の2本の対角線の長さは等しいという性質があります。

算数でもときどき出てくる四角形なので、名前と性質をおさえておきましょう。

この辺の長さが同じ

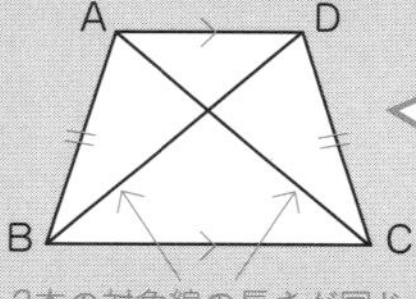

2本の対角線の長さが同じ

等脚台形には角A＝角D、角B＝角Cであるという性質もあります

PART 5

09 四角形の面積(対角線が垂直に交わる四角形)

問題 次の四角形の面積をそれぞれ求めましょう。

(1) ひし形

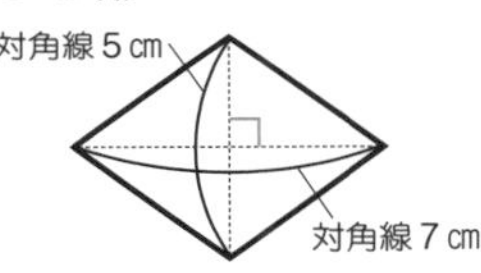

(2)

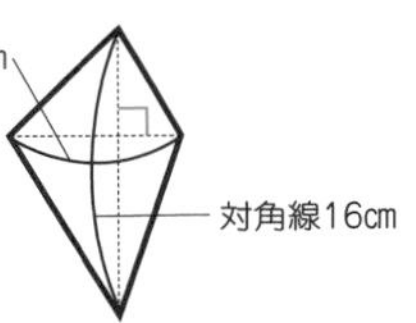

ここが大切!

「対角線が垂直に交わる四角形の面積
＝対角線×対角線÷２」であることをおさえよう!

解きかたと答え

ふつう「ひし形の面積＝対角線×対角線÷２」と紹介されることが多いですが、(2)のように、対角線が垂直に交わる四角形の面積も「対角線×対角線÷２」で求められます。

(1)「ひし形の面積＝対角線×対角線÷２」なので、５×７÷２＝**17.5(㎠)**

(2)「対角線が垂直に交わる四角形の面積＝対角線×対角線÷２」なので、
16×９÷２＝**72(㎠)**

教えるときのポイント!

正方形の面積も「対角線×対角線÷２」で求められる!

正方形も、２本の対角線が垂直に交わります。そのため、正方形の面積も「対角線×対角線÷２」で求められることをおさえましょう。

[例] 次の正方形の面積を求めましょう。

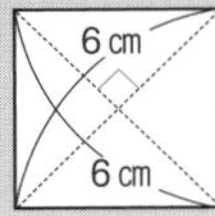

解きかた

「対角線が垂直に交わる四角形の面積
＝対角線×対角線÷２」なので、６×６÷２＝**18(㎠)**

PART 5

10 三角形の種類(二等辺三角形、正三角形)

にとうへんさんかくけい　せいさんかくけい

問題　次の□にあてはまる言葉を答えましょう。

(1)右の図のように、2つの辺の長さが等しい三角形を

㋐□といいます。

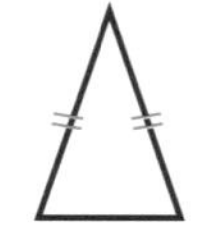

(2)右の図のように、3つの辺の長さがすべて等しい

三角形を㋑□といいます。

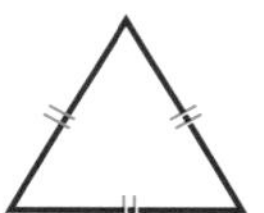

ここが大切！

二等辺三角形と正三角形のそれぞれの性質をおさえよう！

答え　㋐二等辺三角形　㋑正三角形

教えるときのポイント！

二等辺三角形と正三角形のそれぞれの性質を知ろう！

二等辺三角形には、2つの角（右の図のⓐとⓘ）の大きさが等しいという性質があります。

2つの角の大きさが等しい

正三角形には、3つの角（右の図のⓤとⓔとⓞ）の大きさがすべて等しいという性質があります。三角形の内角の和は180度なので、ⓤとⓔとⓞの角はそれぞれ、(180÷3＝)60度ということです。

3つの角の大きさがすべて等しい（どれも60度）

どちらも大事な性質なので、おさえておきましょう。

PART 5

11 三角形の種類(直角三角形など)

2、5年生

問題 次の□にあてはまる言葉を答えましょう。

(1)右の図のように、1つの角が直角である三角形を

㋐  といいます。

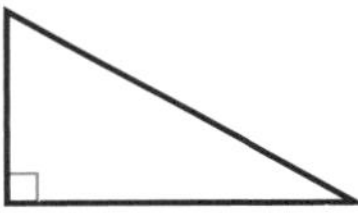

(2)右の図のように、2つの辺の長さが等しく、
この2つの辺の間の角が直角である三角形を

㋑ □ といいます。

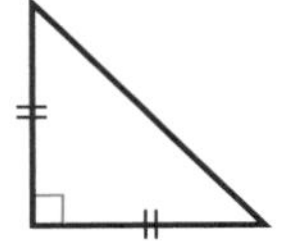

ここが大切!

直角二等辺三角形の
3つの角のそれぞれの大きさを知ろう!

答え ㋐直角三角形 ㋑直角二等辺三角形

教えるときのポイント!

直角二等辺三角形の3つの角の大きさはそれぞれ何度?

右下の直角二等辺三角形で、㋐と㋑の角の大きさはそれぞれ何度でしょうか?
三角形の内角の和は180度なので、㋐+㋑=180−90=90(度)です。㋐と㋑の角の大きさは等しいので、㋐=㋑=90÷2=45(度)であることがわかります。
直角二等辺三角形の3つの角の大きさは、90度、45度、45度であることをおさえておきましょう。

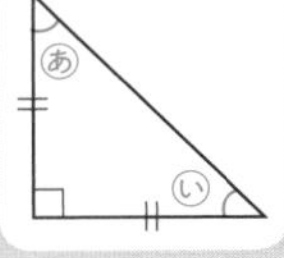

12 三角形の面積（高さが三角形の中にある場合） 5年生

問題 右の三角形 ABC の面積を求めましょう。

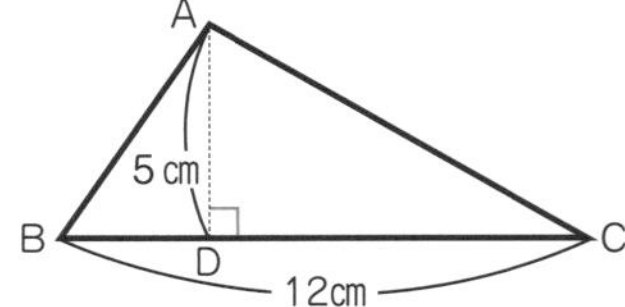

ここが大切！

右の図で、**三角形の高さ**とは底辺ＢＣに垂直な**直線ＡＤの長さ**であることをおさえよう！

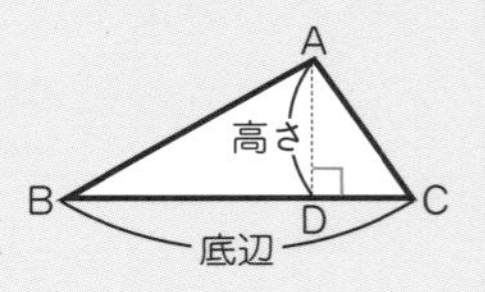

解きかたと答え

三角形の面積は「**底辺×高さ÷２**」で求めることができます。
BC（12㎝）が底辺で、AD（5㎝）が高さです。
「**三角形の面積＝底辺×高さ÷２**」なので、12 × 5 ÷ 2 ＝ **30（㎠）**

教えるときのポイント！

直角三角形の底辺や高さはどこ？

直角三角形の面積を求めるときに、底辺や高さがどこであるか迷う人がいます。例えば、直角三角形 ABC（右の1）の面積を求めてみましょう。
BC（4㎝）を底辺とすると、高さは AB（3㎝）になるので、面積は 4 × 3 ÷ 2 ＝ 6（㎠）と求められます。また、AB（3㎝）を底辺とすると、高さは BC（4㎝）になるので、面積は 3 × 4 ÷ 2 ＝ 6（㎠）と求められます（右の2）。
一方、CA（5㎝）を底辺とすると、高さは BD（2.4㎝）になるので、面積は 5 × 2.4 ÷ 2 ＝ 6（㎠）と求められます（右の3）。
直角三角形ではない三角形にも言えることですが、**どの辺を底辺にするかによって、高さが変わってくるので注意しましょう。**

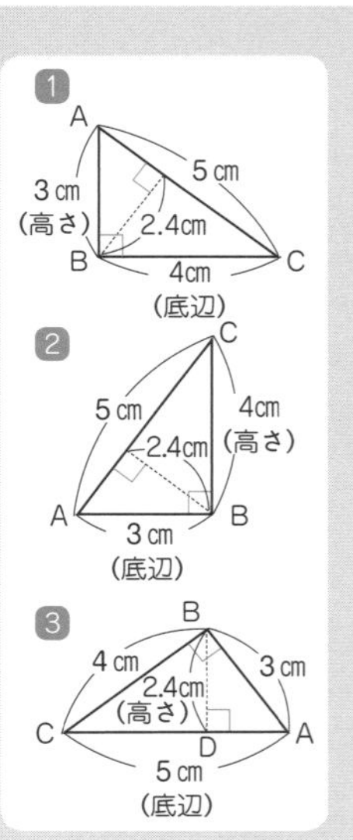

13 三角形の面積(高さが三角形の外にある場合)

問題 右の三角形 ABC の面積を求めましょう。

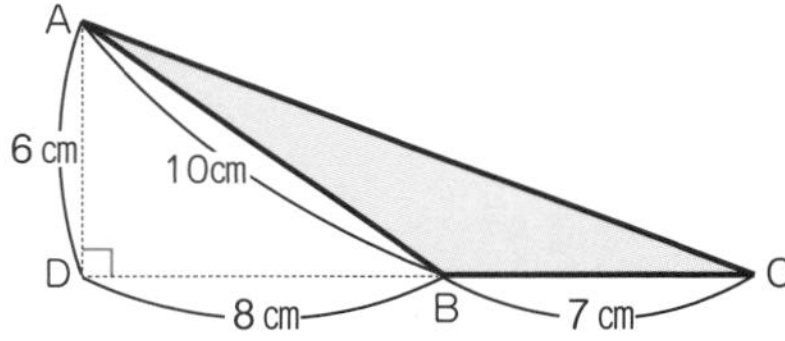

ここが大切！

高さが三角形の外にあるケースに注意しよう！

解きかたと答え

このような三角形の場合、BC（7cm）を底辺とすると、
底辺を延長した直線 BD に垂直な直線 AD（6cm）の長さが高さになります。
「三角形の面積＝底辺×高さ÷ 2」なので、7 × 6 ÷ 2 ＝ **21（cm²）**

教えるときのポイント！

平行四辺形でも高さが外にある場合がある！

例えば、右下の平行四辺形 ABCD の面積を求めてみましょう。
BC（2cm）を底辺とすると、高さはどこになるのでしょうか？
この場合、底辺を延長した直線 CE に垂直な直線 DE（3cm）の長さが高さになります。
「平行四辺形の面積＝底辺×高さ」なので、
2 × 3 ＝ 6（cm²）と求められます。このように、高さが平行四辺形の外にある場合もあるので気をつけましょう。

ところで、この平行四辺形 ABCD の BD に対角線を引いたとき、三角形 BCD の面積を求められるでしょうか？この場合も、底辺は BC（2cm）で、高さは DE（3cm）となります。
ですから、三角形 BCD の面積は 2 × 3 ÷ 2 ＝ 3（cm²）と求められます。

PART 5

14 多角形とは？

問題 右の図形の内角の和は何度ですか。

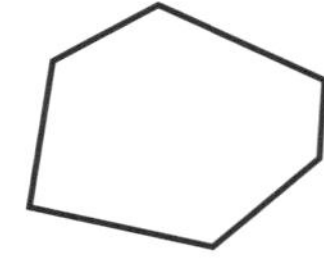

ここが大切！

・**多角形**とは、**三角形、四角形、五角形、…**などのように、**直線でかこまれた図形**であることをおさえよう！

［多角形の例］

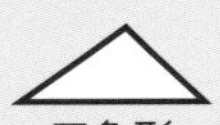
三角形

四角形

五角形

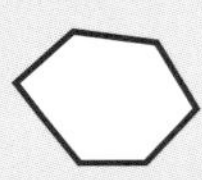
六角形

・「**□角形の内角の和＝180×（□－2）**」であることもおさえよう！

解きかたと答え

この 問題 の図形は、6本の辺でかこまれているので、六角形です。

「□角形の内角の和＝180×（□－2）」なので、この六角形の内角の和は、

180×(6－2)＝**720（度）**

教えるときのポイント！

多角形の1つの内角を求める問題が出ることもある！

［例］右の図で、アの角の大きさを求めましょう。

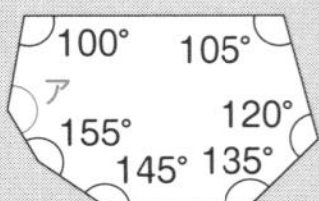

解きかた

この図形は、7本の辺でかこまれているので、七角形です。

「□角形の内角の和＝180×（□－2）」なので、この七角形の内角の和は、

180×(7－2)＝900（度）です。

900度から、ア以外の角の和を引けば、角アの大きさが求められるので、

900－(155＋145＋135＋120＋105＋100)＝**140（度）**

このように、多角形の1つの内角を求める問題が出題されることもあります。

PART 5

15 正多角形とは？

問題 正五角形の１つの内角の大きさは何度ですか。

ここが大切！

正多角形とは、**辺の長さがすべて等しく、角の大きさもすべて等しい多角形**であることをおさえよう！

［例］

正三角形

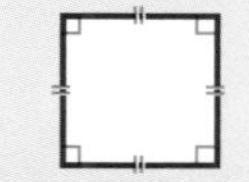
正四角形（正方形）

正五角形

正六角形

解きかたと答え

「□角形の内角の和＝ 180 ×（□－ 2）」なので、正五角形の内角の和は、180 ×（5 － 2）＝ 540（度）です。

正五角形の 5 つの内角の大きさはすべて等しいので、正五角形の 1 つの内角の大きさは、540 ÷ 5 ＝ **108（度）**

教えるときのポイント！

正多角形の 1 つの内角の大きさが 180 度を超えることはない！

正多角形では、辺の数が増えるほど、1 つの内角の大きさは大きくなりますが、どんなに辺が増えても、1 つの内角の大きさは 180 度を超えません。

［例］正百二角形の 1 つの内角の大きさは何度ですか。

解きかた

「□角形の内角の和＝ 180 ×（□－ 2）」なので、正百二角形の内角の和は、180 ×（102 － 2）＝ 18000（度）です。

正百二角形の 102 この内角の大きさはすべて等しいので、正百二角形の 1 つの内角の大きさは、18000 ÷ 102 ＝ **$176\frac{8}{17}$（度）**

小数に直すと、176.47…度です。180 度に近い数ですが、正多角形の 1 つの内角の大きさが 180 度を超えることはないのです。

PART 5 平面図形

PART 5

16 円周（えんしゅう）の長さの求めかた

問題 右の円について、円周の長さを求めましょう。ただし、円周率（えんしゅうりつ）は3.14とします。

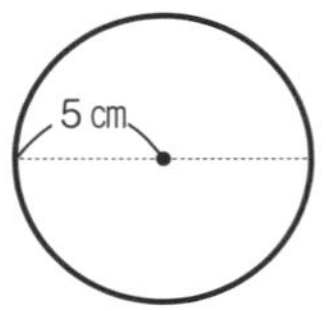

ここが大切！

「円周の長さ＝直径（ちょっけい）×円周率」であることをおさえよう！

円について、次の用語と意味をおさえましょう。

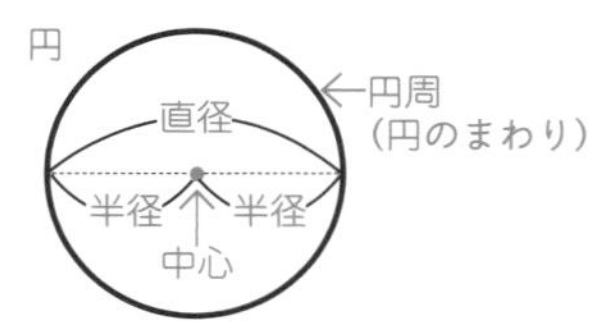

中心…円の真ん中の点　　円周…円のまわり

半径（はんけい）…中心から円周まで引いた直線

直径…中心を通り、円周から円周まで引いた直線
　直径は半径の２倍の長さ

円周率…円周の長さを直径の長さで割った数。円周率は 3.141592…と無限に続く小数ですが、小学算数では、ふつう 3.14 を使います

解きかたと答え

「直径＝半径× 2」なので、直径は、5 × 2 ＝ 10（cm）です。

「円周の長さ＝直径×円周率」なので、円周の長さ＝ 10 × 3.14 ＝ **31.4（cm）**

教えるときのポイント！

円周の長さから、直径や半径の長さを求める問題を解こう！

上の **問題** では、半径の長さがわかっていて、そこから円周の長さを求めました。逆に、円周の長さから、直径や半径の長さを求める問題も解けるようになりましょう。

［例］円周の長さが 75.36cmの円の直径と半径はそれぞれ何cmですか。
ただし、円周率は 3.14 とします。

解きかた　「円周の長さ＝直径×円周率」なので、まず直径を求めます。

75.36 ＝直径× 3.14

直径＝ 75.36 ÷ 3.14 ＝ **24（cm）**　半径＝ 24 ÷ 2 ＝ **12（cm）**

用語解説　円……ある点から同じ長さになるようにかいた丸い形

PART 5
17 円の面積の求めかた

6年生

問題 右の円の面積を求めましょう。
ただし、円周率は3.14とします。

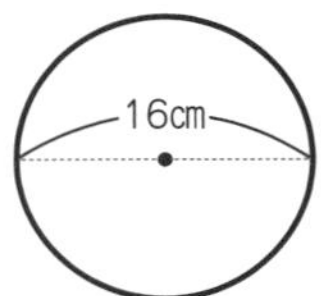

ここが大切！

「**円の面積＝半径×半径×円周率**」で
あることをおさえよう！

解きかたと答え

「半径＝直径÷２」なので、半径は、16÷２＝８（cm）です。
「円の面積＝半径×半径×円周率」なので、
円の面積＝８×８×3.14＝**200.96（cm²）**

教えるときのポイント！

円の面積から、半径や直径の長さを求める問題を解こう！

上の 問題 では、直径の長さがわかっていて、そこから円の面積を求めました。逆に、円の面積から、半径や直径の長さを求める問題も解けるようになりましょう。

**［例］面積が78.5cm²の円の半径と直径はそれぞれ何cmですか。
ただし、円周率は3.14とします。**

解きかた

半径を□cmとします。「円の面積＝半径×半径×円周率」なので、
□×□×3.14＝78.5
□×□＝78.5÷3.14＝25
「□×□＝25」と求められました。２回かけて25になる数を探すと５が見つかります。だから、半径は、**5cm**
直径＝５×２＝**10（cm）**

PART 5

18 おうぎ形の弧（こ）の長さの求めかた 6年生・発展

問題 右のおうぎ形の弧の長さを求めましょう。
ただし、円周率は3.14とします。

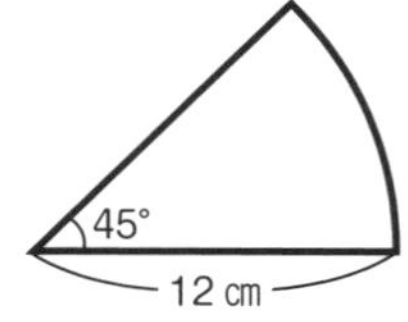

ここが大切！

「おうぎ形の弧の長さ＝半径×2×円周率×$\frac{中心角}{360}$」であることをおさえよう！

弧…円周の一部
おうぎ形…弧と２つの半径によってかこまれた形
中心角…おうぎ形で、２つの半径が作る角

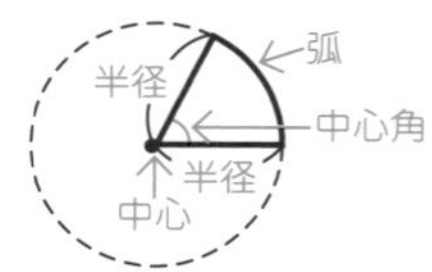

解きかたと答え

「おうぎ形の弧の長さ＝半径×２×円周率×$\frac{中心角}{360}$」に数をあてはめて計算しましょう。
半径は 12cmで、中心角は 45 度なので、

教えるときのポイント！参照

$12 \times 2 \times 3.14 \times \frac{45}{360} = 12 \times 2 \times 3.14 \times \frac{1}{8} = \overset{3}{\cancel{12}} \times \overset{1}{\cancel{2}} \times 3.14 \times \frac{1}{\underset{1}{\cancel{8}}} = 3 \times 3.14$
$= \underline{9.42\ (\text{cm})}$

$\frac{45}{360}$を約分する

3×１×１を先に計算する
（43ページの交換法則を参照）

教えるときのポイント！

上の計算を、よりくわしく説明するとどうなる？

上の 解きかたと答え の途中式で約分をするところのくわしい計算プロセスは、次のように説明することもできます。

$$12 \times 2 \times 3.14 \times \frac{45}{360} = 12 \times 2 \times 3.14 \times \frac{1}{8}$$

交換法則

$$= \frac{12}{1} \times \frac{2}{1} \times \frac{1}{8} \times 3.14$$

かける前に約分

$$= \frac{\overset{3}{\cancel{12}} \times \overset{1}{\cancel{2}} \times 1}{1 \times 1 \times \underset{1}{\cancel{8}}} \times 3.14 = 3 \times 3.14 = \underline{9.42\ (\text{cm})}$$

PART 5

19 おうぎ形の面積の求めかた

6年生・発展

問題 右のおうぎ形の面積を求めましょう。
ただし、円周率は3.14とします。

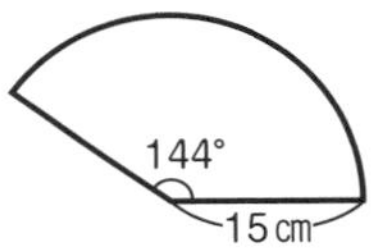

ここが大切！

「おうぎ形の面積＝半径×半径×円周率×$\frac{中心角}{360}$」であることをおさえよう！

解きかたと答え

「おうぎ形の面積＝半径×半径×円周率×$\frac{中心角}{360}$」に数をあてはめて計算しましょう。
半径は15㎝で、中心角は144度なので、

$15 \times 15 \times 3.14 \times \frac{144}{360} = 15 \times 15 \times 3.14 \times \frac{2}{5} = \overset{3}{\cancel{15}} \times 15 \times 3.14 \times \frac{2}{\underset{1}{\cancel{5}}} = 90 \times 3.14$
$= \mathbf{282.6}$ **（㎠）**

$\frac{144}{360}$を約分する

3×15×2を先に計算する
（43ページの交換法則を参照）

教えるときのポイント！

中心角が180度よりも大きいおうぎ形の面積を求めよう！

おうぎ形で、中心角が180度よりも大きい場合の面積を求めてみましょう。

［例］右のおうぎ形の面積を求めましょう。
ただし、円周率は3.14とします。

解きかた

「おうぎ形の面積＝半径×半径×円周率×$\frac{中心角}{360}$」に数をあてはめて計算しましょう。半径は20㎝で、中心角は324度なので、

$20 \times 20 \times 3.14 \times \frac{324}{360} = 20 \times 20 \times 3.14 \times \frac{9}{10}$

$\frac{324}{360}$を約分する

$= \overset{2}{\cancel{20}} \times 20 \times 3.14 \times \frac{9}{\underset{1}{\cancel{10}}} = 360 \times 3.14 = \mathbf{1130.4}$ **（㎠）**

2×20×9を先に計算する（43ページの交換法則を参照）

PART 5

20 合同（ごうどう）とは？

問題 次の□にあてはまる言葉を答えましょう。同じ記号には、同じ言葉が入ります。

・次の三角形ABCと三角形DFEは、移動したり、裏返したりして、ぴったり重ね合わすことができます。

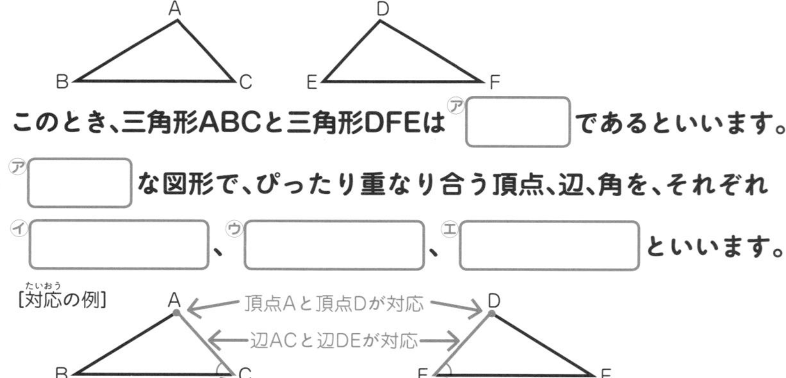

このとき、三角形ABCと三角形DFEは㋐□であるといいます。

・㋐□な図形で、ぴったり重なり合う頂点、辺、角を、それぞれ㋑□、㋒□、㋓□といいます。

ここが大切！

移動したり、裏返したりして、ぴったり重ね合わすことができる2つの図形は、合同であることをおさえよう！

答え ㋐合同 ㋑対応する頂点 ㋒対応する辺 ㋓対応する角

教えるときのポイント！

「対応」という用語の意味をおさえよう！

「対応」という用語は、この「合同」以外の単元にも出てきますが、その意味はシンプルです。どの単元でも「ぴったり重なる」という意味で使われているからです（例えば、「拡大図（かくだいず）と縮図（しゅくず）」の単元では、拡大か縮小すればぴったり重なるという意味です）。おさえておきましょう。

PART 5
21 合同の問題

5年生

問題 右の㋐と㋑の四角形は合同です。
このとき、次の問いに答えましょう。

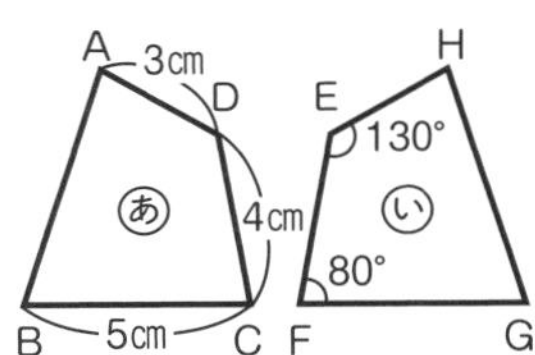

（1）辺 BC に対応する辺はどれですか。
（2）辺 EF の長さは何cmですか。
（3）角 D の大きさは何度ですか。

ここが大切！

合同な図形では、対応する辺の長さは等しく、
対応する角の大きさも等しいことをおさえよう！

PART 5 平面図形

解きかたと答え

（1）辺 BC に対応する辺（ぴったり重なる辺）は、辺 GF です。
※下の 教えるときのポイント！ 参照

答え　辺 GF

（2）辺 EF に対応する辺（ぴったり重なる辺）は、辺 DC（4cm）です。合同な図形では、対応する辺の長さは等しいので、辺 EF の長さも 4cmです。

答え　4cm

（3）角 D に対応する角（ぴったり重なる角）は、角 E（130 度）です。合同な図形では、対応する角の大きさは等しいので、角 D の大きさも 130 度です。

答え　130度

教えるときのポイント！

対応する順に書かないと、間違いになるので気をつけよう！

上の 問題 （1）は「辺 BC に対応する辺はどれですか」という設問でした。このとき、頂点 B に重なるのが頂点 G で、頂点 C に重なるのが頂点 F なので、対応する順に辺 GF とするのが正しい答えです。G と F を入れかえて、辺 FG を答えにすると間違いになるので注意しましょう。この考えかたは、この後の「線対称（せんたいしょう）と点対称（てんたいしょう）」、「拡大図と縮図」でも同じです。

PART 5

22 線対称とは？

問題 次の□にあてはまる言葉を答えましょう。同じ記号には、同じ言葉が入ります。

・右の図形は、直線ABを折り目にして折り曲げると、両側の部分がぴったり重なります。このような図形を㋐□な図形といいます。また、折り目の直線ABのことを㋑□といいます。

・㋐□な図形で、㋑□（直線AB）を折り目にして折り曲げたとき、ぴったり重なり合う点、辺、角を、それぞれ㋒□、㋓□、㋔□といいます。

ここが大切！

1本の直線を折り目にして折り曲げたとき、両側の部分がぴったり重なる図形を、線対称な図形ということをおさえよう！

答え ㋐線対称　㋑対称の軸　㋒対応する点　㋓対応する辺　㋔対応する角

教えるときのポイント！

正□角形には、対称の軸が□本ある！

正多角形と対称の軸には、次のような関係があります。

形					…
名	正三角形	正方形（正四角形）	正五角形	正六角形	…
対称の軸の数	3本	4本	5本	6本	…

「正□角形には、対称の軸が□本ある」ということをおさえましょう。

23 線対称の問題

6年生

問題 右の図形は、直線アイを対称の軸とする線対称な図形です。このとき、次の問いに答えましょう。

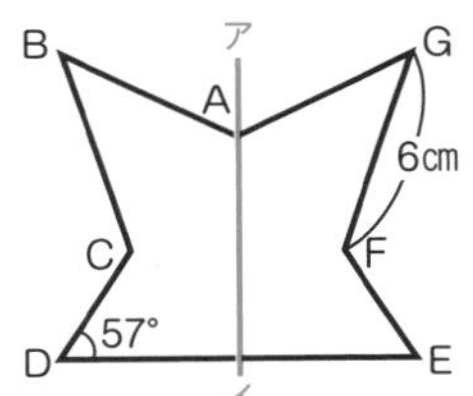

（1）辺 CD に対応する辺はどれですか。

（2）辺 BC の長さは何cmですか。

（3）角 E の大きさは何度ですか。

ここが大切！

線対称な図形では、対応する辺の長さは等しく、対応する角の大きさも等しいことをおさえよう！

解きかたと答え

（1）直線アイで折り曲げると、辺 CD は辺 FE に重なります。
（対応順に書くので、辺 EF は間違い）

答え 辺 FE

（2）直線アイで折り曲げると、辺 BC は辺 GF（6cm）に重なります。線対称な図形では、対応する辺の長さは等しいので、辺 BC の長さも 6cmです。

答え 6cm

（3）直線アイで折り曲げると、角 E は角 D（57 度）に重なります。線対称な図形では、対応する角の大きさは等しいので、角 E の大きさも 57 度です。

答え 57度

教えるときのポイント！

線対称な図形には、さらに２つの性質も！

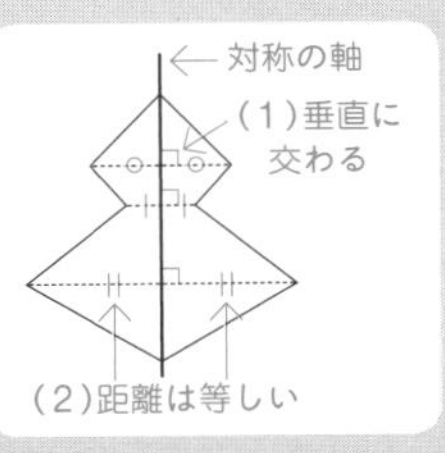

線対称な図形には、次の２つの性質もあるので、おさえておきましょう。

（1）対応する２つの点どうしを直線で結ぶと、対称の軸と垂直に交わる。

（2）この交わった点から、対応する２つの点までの距離は等しい。

PART 5

24 点対称(てんたいしょう)とは？

問題 次の□にあてはまる言葉を答えましょう。同じ記号には、同じ言葉が入ります。

・右の図形は、点Oを中心にして180度回転させると、もとの形にぴったり重なります。このような図形を㋐□な図形といいます。そして、点Oのことを㋑□といいます。

・㋐□な図形で、㋑□（点O）のまわりに180度回転させたとき、ぴったり重なり合う点、辺、角を、それぞれ㋒□、㋓□、㋔□といいます。

［対応の例］

対応する点

対応する角

対応する辺

ここが大切！

1つの点を中心にして180度回転させたとき、もとの形にぴったり重なる図形を、点対称な図形ということをおさえよう！

答え ㋐点対称 ㋑対称の中心 ㋒対応する点 ㋓対応する辺 ㋔対応する角

教えるときのポイント！

どの正多角形が点対称か、どうやって見分ける？

正多角形と点対称の関係を表すと、次のようになります。

形					…
名	正三角形	正方形（正四角形）	正五角形	正六角形	…
点対称なら○ 点対称でなければ×	×	○	×	○	…

正七角形以降も規則正しく「×○×○」が続きます。つまり、正多角形の辺の数が偶数なら点対称な図形で、奇数なら点対称な図形ではないということです。

25 点対称の問題

6年生

問題 右の図形は、点対称な図形で、点Oは対称の中心です。
このとき、次の問いに答えましょう。

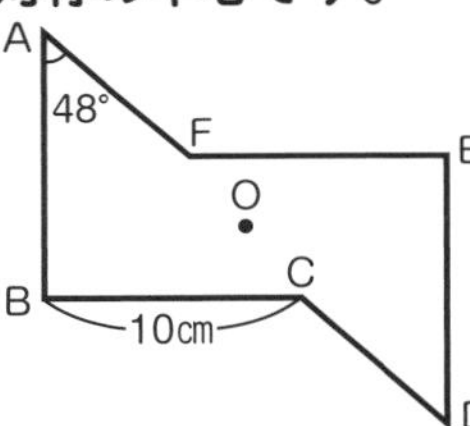

(1) 辺ABに対応する辺はどれですか。

(2) 辺EFの長さは何㎝ですか。

(3) 角Dの大きさは何度ですか。

ここが大切！

点対称な図形では、対応する辺の長さは等しく、
対応する角の大きさも等しいことをおさえよう！

解きかたと答え

(1) 点Oを中心にして180度回転させると、辺ABに重なるのは辺DEです。
(対応順に書くので、辺EDは間違い)

答え 辺DE

(2) 点Oを中心にして180度回転させると、辺EFは辺BC（10㎝）に重なります。
点対称な図形では、対応する辺の長さは等しいので、辺EFの長さも10㎝です。

答え 10㎝

(3) 点Oを中心にして180度回転させると、角Dは角A（48度）に重なります。
点対称な図形では、対応する角の大きさは等しいので、角Dの大きさも48度です。

答え 48度

教えるときのポイント！

点対称な図形には、さらに２つの性質も！

点対称な図形には、次の２つの性質もあるので、おさえておきましょう。

(1) 対応する２つの点どうしを結ぶ直線は、対称の中心を通る。

(2) 対称の中心から、対応する２つの点までの距離は等しい。

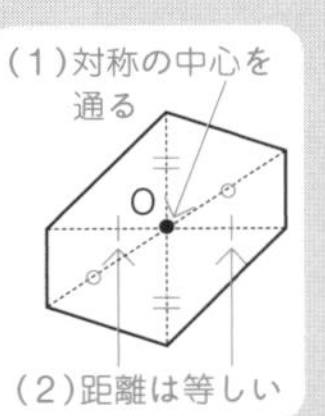

PART 5

26 拡大図と縮図

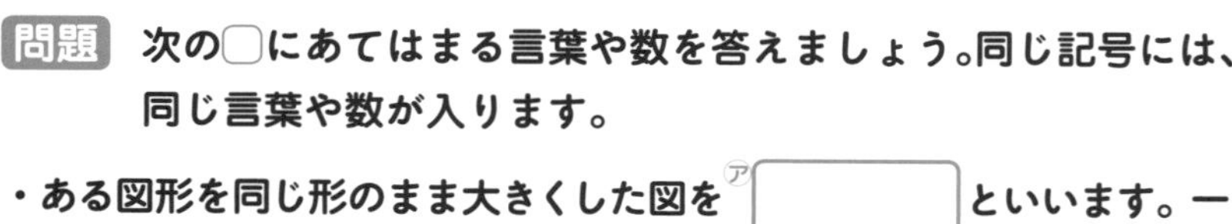

問題 次の□にあてはまる言葉や数を答えましょう。同じ記号には、同じ言葉や数が入ります。

・ある図形を同じ形のまま大きくした図を㋐□といいます。一方、ある図形を同じ形のまま小さくした図を㋑□といいます。

・次の三角形ABCのすべての辺の長さを2倍にすると、三角形DEFができます。

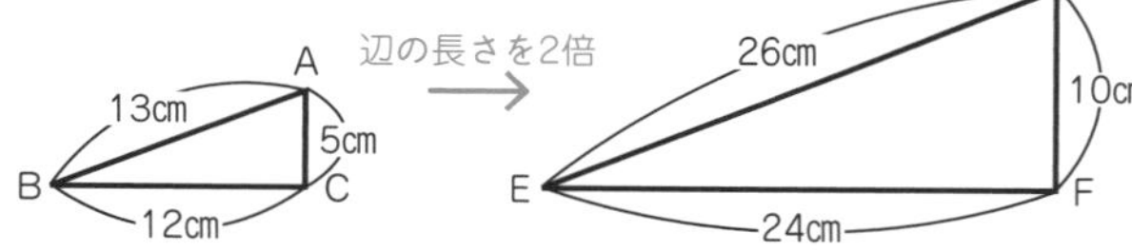

このとき、三角形DEFを、三角形ABCの㋒□倍の㋐□といいます。一方、三角形ABCを、三角形DEFの㋓□の

㋑□といいます（㋓には分数が入ります）。

ここが大切！

拡大図と縮図のそれぞれの意味をおさえよう！

答え ㋐拡大図　㋑縮図　㋒2　㋓$\frac{1}{2}$

教えるときのポイント！

拡大図と縮図でも「対応」という用語を使う！

上の 問題 で、三角形 ABC と三角形 DEF の例がありました。
例えば、三角形 ABC の角 C は、三角形 DEF の角 F にあたります。このとき、「角 C に対応する角は角 F」といいます。拡大図と縮図では、対応する角の大きさはすべて等しいという性質があります。

PART 5

27 拡大図と縮図の問題

問題 四角形 EFGH は、四角形 ABCD の拡大図です。
このとき、次の問いに答えましょう。

（1）四角形 ABCD は、四角形 EFGH の何分の1の縮図ですか。

（2）辺 BC の長さは何cmですか。

（3）角 F の大きさは何度ですか。

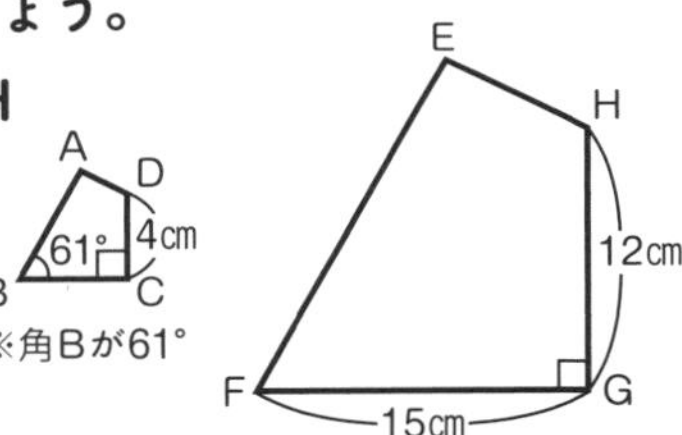

ここが大切！

拡大図と縮図の問題では、対応する辺の長さがどちらもわかっているところを見つけるのがコツ！

解きかたと答え

（1）辺 DC（4cm）と辺 HG（12cm）は対応しています。
$4 \div 12 = \frac{1}{3}$ なので、$\frac{1}{3}$ の縮図です。

答え $\frac{1}{3}$の縮図

（2）辺 BC と辺 FG（15cm）は対応しています。
$15 \times \frac{1}{3} = 5$ なので、辺 BC の長さは 5cmです。

答え 5cm

（3）角 F と角 B（61 度）は対応しています。拡大図と縮図では、対応する角の大きさは等しいので、角 F の大きさも 61 度です。

答え 61度

教えるときのポイント！

対応する辺の長さがどちらもわかっているところを見つけよう！

上の 問題 では、対応する辺の長さがどちらもわかっているのは、辺 DC（4cm）と辺 HG（12cm）だけで、そこから、四角形 ABCD は、四角形 EFGH の$\frac{1}{3}$の縮図であることをみちびけました。このように、拡大図と縮図の問題では、対応する辺の長さがどちらもわかっているところを見つけることがポイントです。

PART 5

28 縮尺(しゅくしゃく)とは？

問題 次の問いに答えましょう。

(1)縮尺が「1:30000」の地図上で15㎝の長さは、実際の土地では何㎞ですか（比については、177ページ以降を参照）。

(2)実際の長さが600mの道のりは、縮尺が$\frac{1}{5000}$の地図上では何㎝ですか。

ここが大切！

縮尺とは、**実際の長さをどれだけ縮(ちぢ)めたかを表す数**であることをおさえよう！

※縮尺は、例えば、「1：2000」や「$\frac{1}{2000}$」のように表されます。

解きかたと答え

(1) 縮尺が「1:30000」なので、15㎝を 30000 倍すれば、実際の長さが求められます。
15（㎝）× 30000 = 450000（㎝）= 4500（m）= 4.5（㎞）

mに直す　㎞に直す

答え　4.5㎞

(2) 縮尺が$\frac{1}{5000}$なので、600m（= 60000㎝）を$\frac{1}{5000}$倍すれば、地図上の長さが求められます。60000（㎝）× $\frac{1}{5000}$ = $\frac{60000}{5000}$ = 12（㎝）

答え　12㎝

教えるときのポイント！

「実際の長さ」と「地図上の長さ」から縮尺を求めることができる！

「実際の長さ」と「地図上の長さ」から縮尺を求める問題を解いてみましょう。

[例] 実際の長さが 72m である道のりが、ある地図上では 36㎝になっていました。この地図の縮尺を、分数の形で答えましょう。

解きかた 72m（= 7200㎝）が地図上では 36㎝になっているのだから、36㎝を 7200㎝で割れば縮尺が求められます。

36（㎝）÷ 7200（㎝）= $\frac{36}{7200}$ = $\frac{1}{200}$

答え　$\frac{1}{200}$

補助線(ほじょせん)をスムーズに引くには?

図形の問題では、補助線を引くことによって、うまく解けることが多くあります。補助線とは**「元の図形にはないけれど、問題を解くために自分で新しくかき加える線」**のことです。補助線の引きかたの基本を紹介します。

問題 **次の図形で、青くかげをつけた部分の面積を求めましょう。**

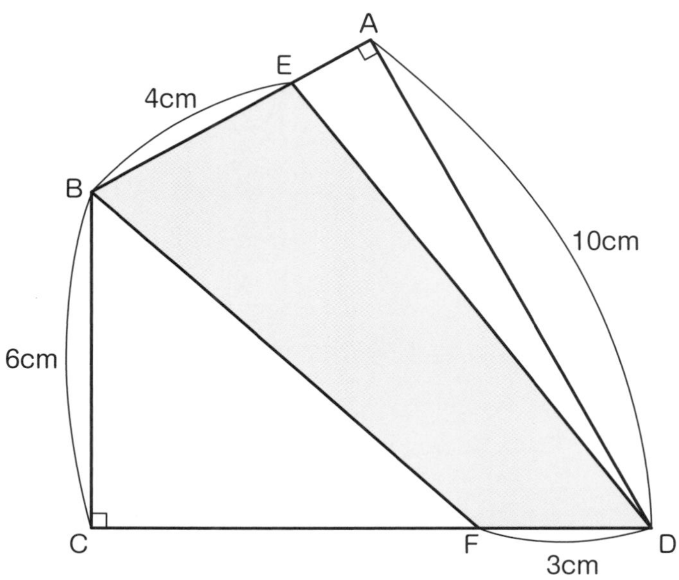

この 問題 を解くとき、どうやって面積を求めるのか、試行錯誤(しこうさくご)をする方は多いのではないでしょうか? 青くかげをつけた四角形 EBFD の面積を直接求めようとする、全体の四角形 ABCD から、2つの白い三角形の面積を引こうとする、…などです。

しかし、これらの方法で、青くかげをつけた部分の面積を求めることはできません。では、どうすれば解けるのでしょうか？

ここで出てくるのが、**補助線を引く**という方法です。補助線の引きかたは問題によってさまざまですが、基本となるのは「**対角線に補助線を引く**」という方法です。

ためしに、四角形 EBFD（青くかげをつけた部分）の EF に対角線を引いてみると、次の **図1** のようになります。

図1

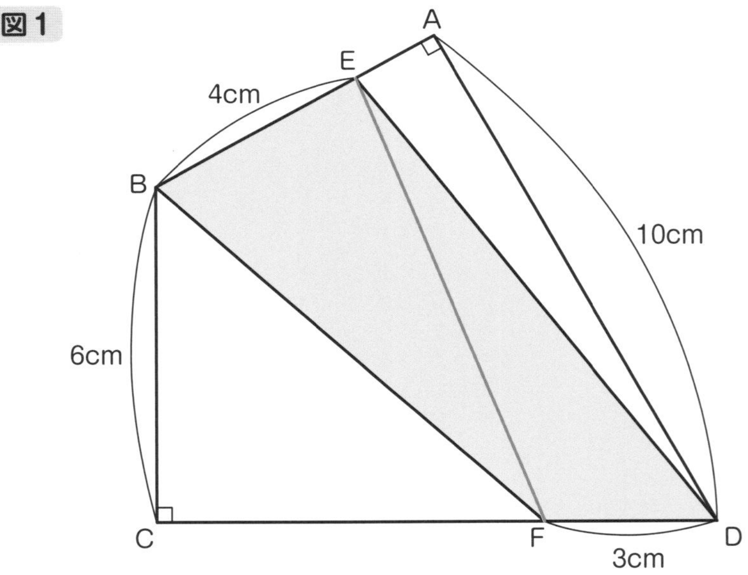

図1 では、四角形 EBFD（青くかげをつけた部分）が、２つの三角形に分かれましたが、どちらの三角形の面積も求められません。

次に、四角形 EBFD（青くかげをつけた部分）の BD に対角線を引いてみると、次の **図2** のようになります。

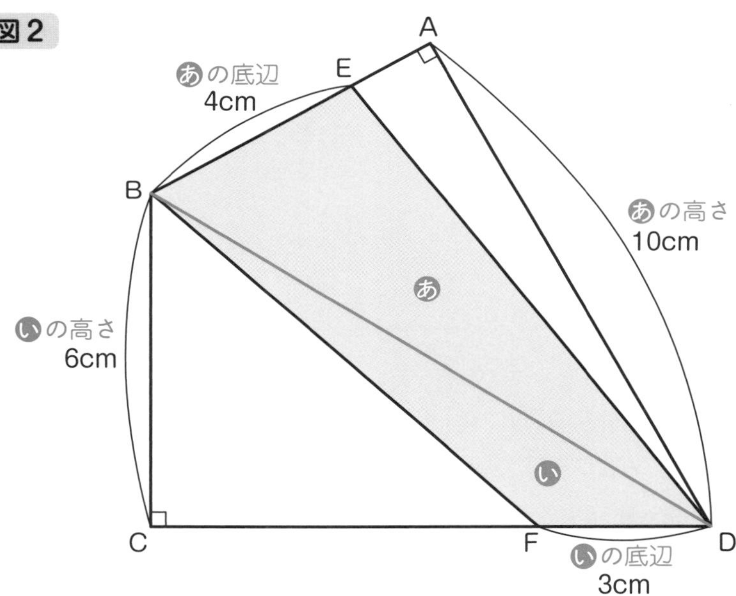

図2 では、四角形 EBFD（青くかげをつけた部分）が、三角形あと三角形いに分けられました。

まず、三角形あの底辺を4㎝とすると、高さは10㎝なので、三角形あの面積は、4×10÷2＝20（㎠）です（113ページの「高さが三角形の外にある場合」を参照）。

次に、三角形いの底辺を3㎝とすると、高さは6㎝なので、三角形いの面積は、3×6÷2＝9（㎠）です。

これで、四角形 EBFD（青くかげをつけた部分）の面積は、20＋9＝29（㎠）と求められます。

答え　29㎠

補助線を引くことは、面積を求めるときの１つの手段です。通常の方法で答えがみちびけなかったときのために、選択肢(せんたくし)の１つとして持っておきましょう。

PART 6

01 立方体の体積の求めかた

問題　右の立方体の体積を求めましょう。

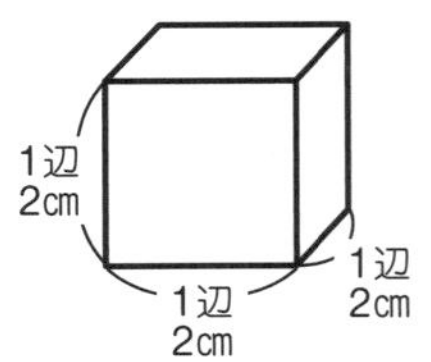

ここが大切！

「立方体の体積＝1辺×1辺×1辺」で
求められる理由を知ろう！

6つの正方形でかこまれた立体を、立方体といいます。

解きかたと答え

「立方体の体積＝1辺×1辺×1辺」なので、2×2×2＝8（㎤）

答え　8㎤

教えるときのポイント！

「立方体の体積＝1辺×1辺×1辺」で求められる理由とは？

立体の大きさを体積といいます。1辺が1㎝の立方体の体積が、1㎤（読みかたは、1立方センチメートル）です。

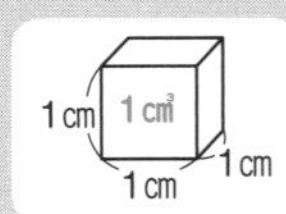

上の問題の立体は、1辺が2㎝の立方体です。この立方体を、1辺が1㎝の立方体に分割すると、右のようになります。

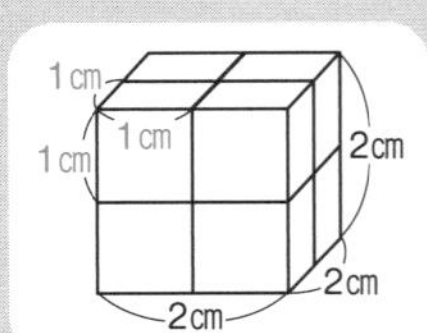

1辺が1㎝の立方体が、全部で2×2×2＝8（こ）あることがわかります。ですから、問題の立方体の体積は8㎤と求められます。1辺が2㎝の立方体だけでなく、他の立方体も同じように考えて体積を求めるので、「立方体の体積＝1辺×1辺×1辺」が成り立ちます。

02 直方体の体積の求めかた

問題 右の直方体の体積を求めましょう。

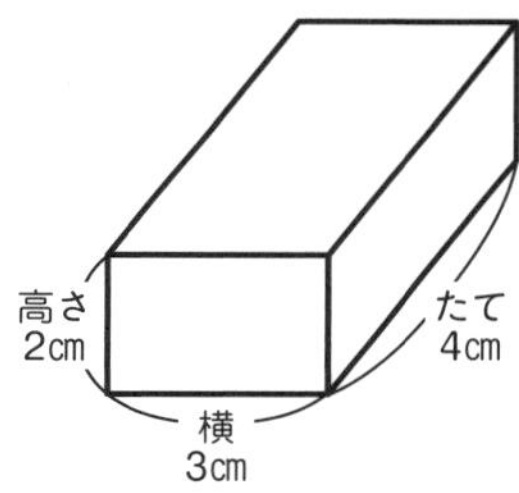

ここが大切！

「直方体の体積＝たて×横×高さ」で
求められる理由を知ろう！

6つの長方形、もしくは、合わせて6つの長方形と正方形でかこまれた立体を、直方体といいます。

解きかたと答え

「直方体の体積＝たて×横×高さ」なので、4 × 3 × 2 ＝ 24（㎤）

答え **24㎤**

教えるときのポイント！

「直方体の体積＝たて×横×高さ」で求められる理由とは？

上の問題の立体は、たて 4cm、横 3cm、高さ 2cm の直方体です。この直方体を、1 辺が 1cmの立方体に分割すると、右のようになります。

1 辺が 1cmの立方体が、全部で 4 × 3 × 2 ＝ 24（こ）あることがわかります。ですから、問題の直方体の体積は 24㎤と求められます。

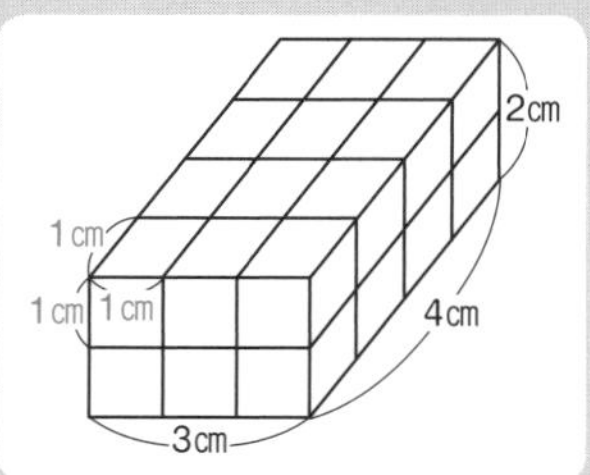

他の直方体も同じように考えて体積を求めるので、「直方体の体積＝たて×横×高さ」が成り立ちます。

PART 6

03 立方体の展開図

問題 次の①～③の図で、組み立てると立方体になる展開図はどれですか。記号で答えましょう。

①
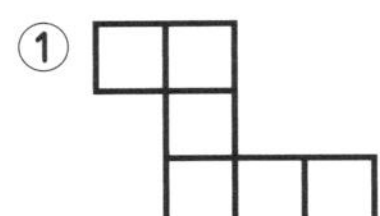
②
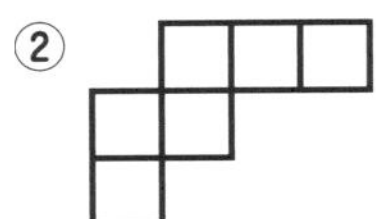
③
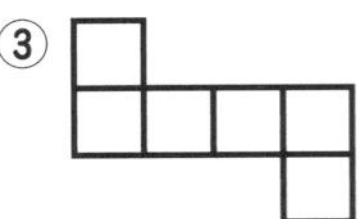

ここが大切！

展開図とは、「立体の表面を、辺にそって切り開いて、平面に広げた図」であることをおさえよう！

※下の 教えるときのポイント！ 参照

答え ③

教えるときのポイント！

立方体の展開図は全部で 11 種類ある！

立方体の展開図は全部で 11 種類あって、4 パターンに分けることができます。

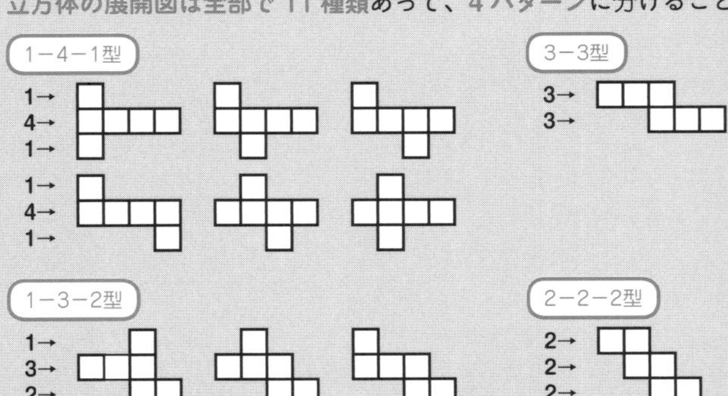

上の 問題 の答えの③は、「1 － 4 － 1 型」のひとつであり、立方体の展開図です。一方、①と②は、4 パターンのどれにも一致（いっち）しないので、立方体の展開図ではありません。

04 直方体の展開図

4年生

問題 [図2] は、[図1] の直方体の展開図です。このとき、[図2] の直線 BH の長さを求めましょう。

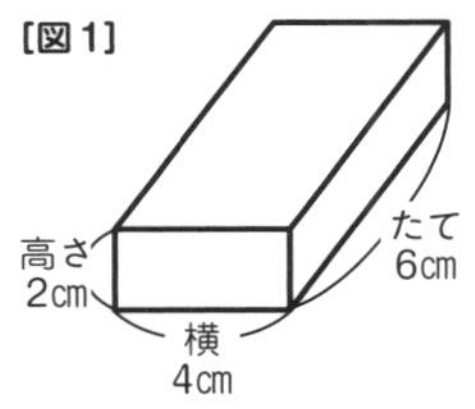

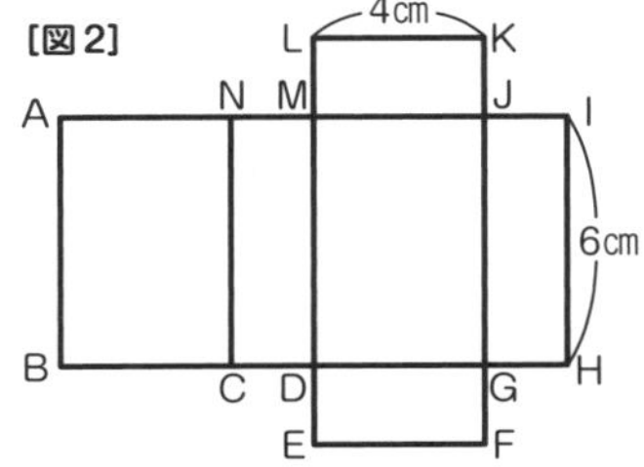

ここが大切！

直方体の展開図では、どの辺がそれぞれ、**たて、横、高さ**に対応するか考えよう！

解きかたと答え

直線 BH は、BC と CD と DG と GH に分けられます（BH ＝ BC ＋ CD ＋ DG ＋ GH）。展開図を組み立てると、辺 BC と辺 DG は、直方体の横の 4cmにあたります。また、辺 CD と辺 GH は、直方体の高さの 2cmにあたります。

ですから、BH ＝ 4 × 2 ＋ 2 × 2 ＝ 8 ＋ 4 ＝ 12（cm）

答え 12cm

教えるときのポイント！

直方体の展開図を自分で作ってみよう！

展開図の問題が苦手だと感じたら、**さまざまな展開図を実際に作って組み立ててみることを**おすすめします。例えば、**問題**の「たて 6cm、横 4cm、高さ 2cm」の直方体は、他にも右のような展開図が考えられます。

自分で新しい展開図を作図して、「たて 6cm、横 4cm、高さ 2cm」の直方体が作れるかどうか試してみるのはいかがでしょうか。

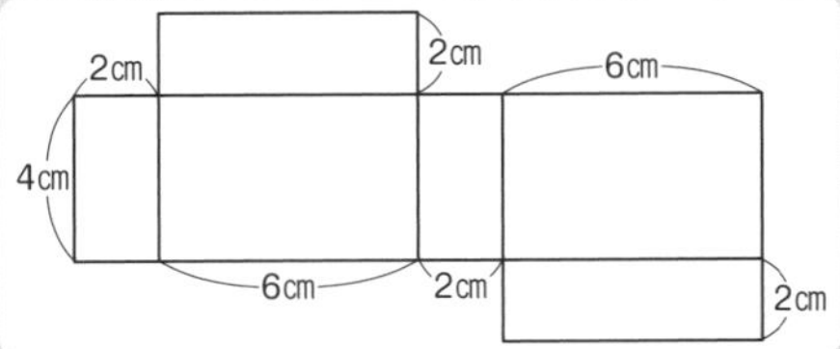

PART 6

05 容積(ようせき)とは？

5年生

問題 右の入れ物の容積は何㎤ですか。また、何Ｌですか。ただし、入れ物の厚(あつ)みは考えないものとします。

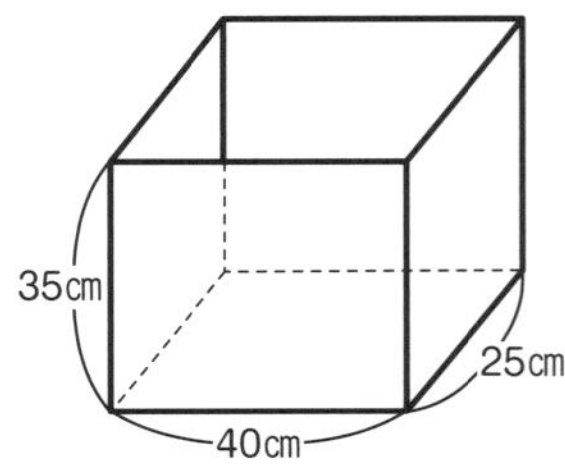

ここが大切！

容積とは「入れ物の中にいっぱいに入る水の体積」であることをおさえよう！

解きかたと答え

容積とは、入れ物の中にいっぱいに入る水の体積のことです。

この入れ物は直方体の形をしているので、「直方体の体積＝たて×横×高さ」で容積を求めます。

25 × 40 × 35 ＝ 35000（㎤）

Ｌ（読みかたはリットル）は、容積の単位としてよく使われます。

「１Ｌ＝1000㎤」なので、35000㎤＝ 35 Ｌです。

答え　35000㎤、35Ｌ

教えるときのポイント！

「容積の意味は？」という質問にきちんと答えられますか？

容積という用語について、その意味をあいまいに理解している人は少なくありません。実際、容積の意味を聞くと「容器の体積」といった、まちがった意味を答えてしまうケースもあります。

容積とは「入れ物の中にいっぱいに入る水の体積」のことです。次の項目では、容積と体積をそれぞれ求める問題を解くことで、それらの意味の違いをさらに明らかにしていきます。

PART 6

06 容積と体積の違い

5年生

問題 右の入れ物について、次の問いに答えましょう。

（1）この入れ物の容積は何㎤ですか。

（2）この入れ物の体積は何㎤ですか。

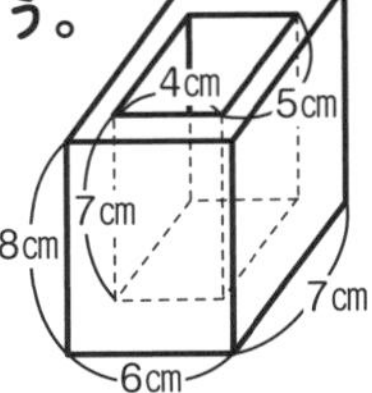

ここが大切！

容器に厚みがあるときの、容積と体積の違いを考えよう！

解きかたと答え

（1）容積とは、入れ物の中にいっぱいに入る水の体積のことです。

この入れ物の内のり（入れ物の内側の長さ）は、たて 5cm、横 4cm、高さ（深さ）7cmです。「直方体の体積＝たて×横×高さ」で容積を求めます。

5 × 4 × 7 ＝ 140（㎤）

答え 140㎤

（2）この入れ物の外側は、たて 7cm、横 6cm、高さ 8cmの直方体の形をしています。だから、この入れ物の体積は、たて 7cm、横 6cm、高さ 8cmの直方体の体積から、容積を引けば求められます。

7 × 6 × 8 － 140 ＝ 336 － 140 ＝ 196（㎤）

答え 196㎤

教えるときのポイント！

入れ物に厚みがあるときの問題を、さらに解いてみよう！

［例］上の 問題 の容器にもともと 3cmの深さまで水が入っていました。ここに、さらに水を入れて、入れ物の中にいっぱいに水を満たすとき、新たに何㎤の水を入れればよいですか。

解きかた 容器にもともと 3cmの深さまで水が入っていたということから、あと（7 － 3 ＝）4cm分の高さの水を入れると、いっぱいになることがわかります。つまり、たて 5cm、横 4cm、高さ（深さ）4cmの直方体の体積ぶんの水を、さらに入れればよいということなので、

5 × 4 × 4 ＝ 80（㎤）

答え 80㎤

PART 6

07 角柱（かくちゅう）とは？

問題 次の▢にあてはまる言葉を答えましょう。

右のような立体を角柱といいます。

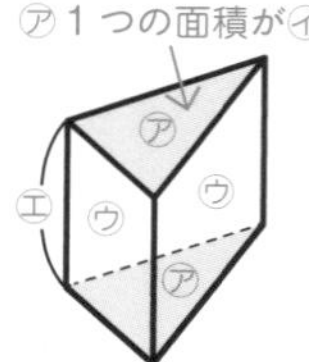

㋐ ▢ …上下に向かい合った２つの面

㋑ ▢ …１つの底面の面積

㋒ ▢ …まわりの長方形（または正方形）

㋓ ▢ …２つの底面にはさまれた長さ

ここが大切！

角柱についての用語の意味をおさえよう！

答え　㋐底面（ていめん）　㋑底面積（ていめんせき）　㋒側面（そくめん）　㋓高さ

教えるときのポイント！

底面の形によって、角柱の呼びかたが変わる！

どの角柱にも底面は２つあり、その底面は合同です。

また、角柱の呼びかたですが、角柱の底面が三角形なら、その角柱を三角柱といいます。角柱の底面が四角形なら、その角柱を四角柱といいます。角柱の底面が五角形なら、その角柱を五角柱といいます。

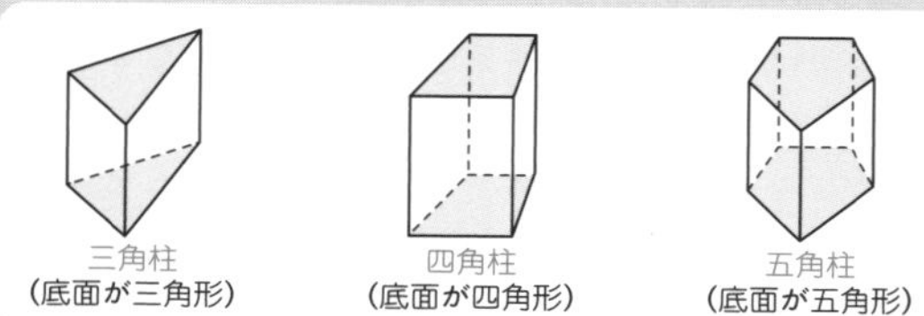

このように、角柱は底面の形によって呼びかたが変わることをおさえましょう。

08 角柱の展開図

5年生

問題 右の図は、ある角柱の展開図です。これについて、次の問いに答えましょう。

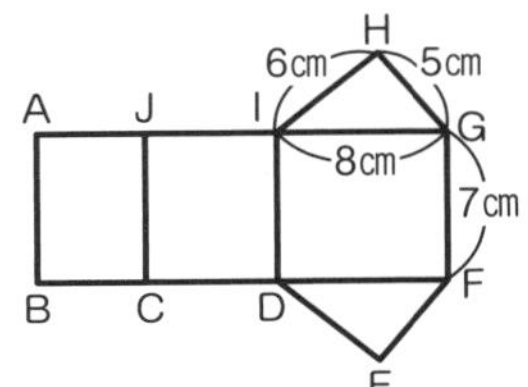

（1）何という角柱の展開図ですか。

（2）点Gに集まる点を答えましょう。

（3）この展開図を組み立ててできる角柱の高さは何cmですか。

ここが大切！

角柱の展開図を作って組み立てることで、
立体図形が得意になる！

解きかたと答え

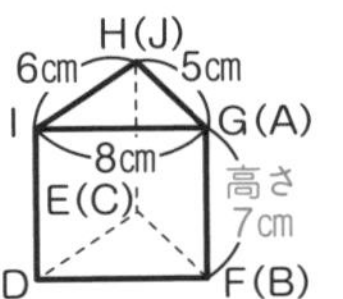

（1）この展開図を組み立てると、右のような角柱ができあがります。
2つの底面は合同な三角形なので、この角柱は三角柱です。

答え　三角柱

（2）（1）の図より、点Gに集まる点は、点Aです。

答え　点A

（3）（1）の図より、この三角柱の高さは7cmです。

答え　7cm

教えるときのポイント！

他の展開図も作って、立体図形を得意分野にしよう！

上の問題の三角柱の展開図は1種類だけではなく、他にもたくさん作ることができます。例えば、右の展開図も、この三角柱の展開図です。
画用紙などに、新しい展開図をかいて、組み立ててみましょう。立体をイメージする力を伸ばすトレーニングになり、立体図形を楽しみながら得意にしていけます。

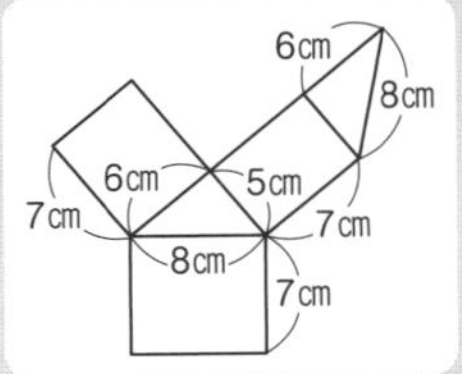

PART 6

09 角柱の体積の求めかた

問題 次の立体の体積を求めましょう。

（1）三角柱

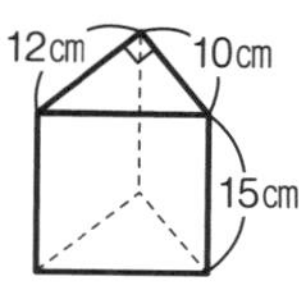

（2）四角柱

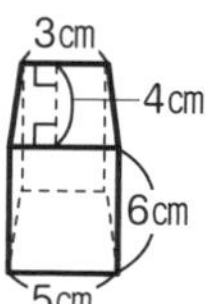

ここが大切！

「角柱の体積＝底面積×高さ」であることをおさえよう！

解きかたと答え

（1）この三角柱の底面の形は直角三角形で、底面積は
10 × 12 ÷ 2 ＝ 60（cm²）です。
「角柱の体積＝底面積×高さ」なので、60 × 15 ＝ **900（cm³）**

（2）この四角柱の底面の形は台形で、底面積は
(3 ＋ 5) × 4 ÷ 2 ＝ 16（cm²）です。
「角柱の体積＝底面積×高さ」なので、16 × 6 ＝ **96（cm³）**

教えるときのポイント！

角柱の体積を求める応用問題を解いてみよう！

［例］右の四角柱の体積を求めましょう。

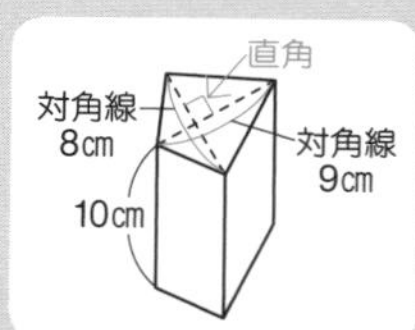

解きかた

この四角柱の底面の形は四角形で、対角線が垂直に交わっています。
109ページで習った通り、「対角線が垂直に交わる四角形の面積＝対角線×対角線÷2」なので、底面積は9 × 8 ÷ 2 ＝ 36（cm²）です。
「角柱の体積＝底面積×高さ」なので、36 × 10 ＝ **360（cm³）**

10 円柱（えんちゅう）とは？

問題 次の□にあてはまる言葉を答えましょう。

右のような立体を円柱といいます。

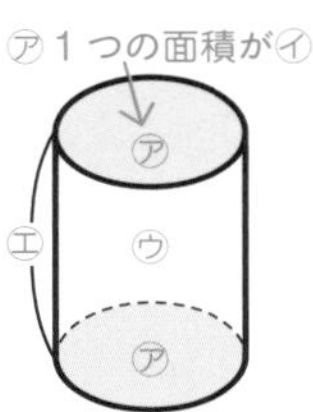

㋐□…上下に向かい合った２つの面

㋑□…１つの底面の面積

㋒□…まわりの曲面

㋓□…２つの底面にはさまれた長さ

ここが大切！

円柱についての用語の意味をおさえよう！

答え ㋐底面 ㋑底面積 ㋒側面 ㋓高さ

教えるときのポイント！

角柱と円柱の共通点とは？

角柱と円柱どちらにも、２つの向かい合った、合同の底面があります。角柱や円柱の底面の数を質問したとき、「1つ」と答えるお子さんがいますが、実際は2つなので、気をつけましょう。

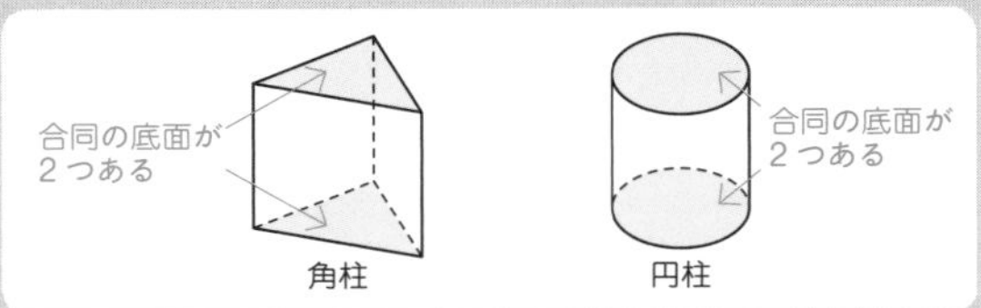

また、角柱も円柱も、「底面積」とは、「(２つではなく) １つの底面の面積」であることも合わせておさえておきましょう。

PART 6

11 円柱の展開図

5年生

問題 右の図は、ある円柱の展開図です。この展開図で、ADの長さは何㎝ですか。ただし、円周率は3.14とします。

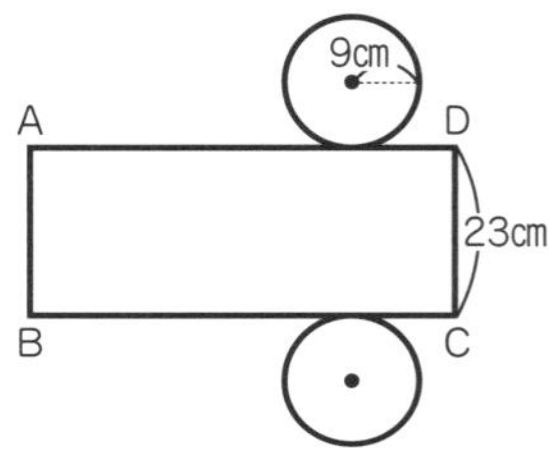

ここが大切！

円柱の展開図で、**側面（長方形）の横の長さの求めかた**を学ぼう！

解きかたと答え

この展開図を組み立てると、右のような円柱ができあがります。

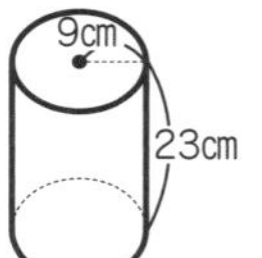

展開図を組み立てるとき、側面（長方形）をぐるっと巻いて、底面の円にくっつけると円柱ができます。だから、**展開図の側面の横（図のAD）の長さと、底面の円周の長さが同じ**であることがわかります。

底面の円周の長さ（＝AD）は、

9 × 2 × 3.14 ＝ 56.52（㎝）

答え　56.52㎝

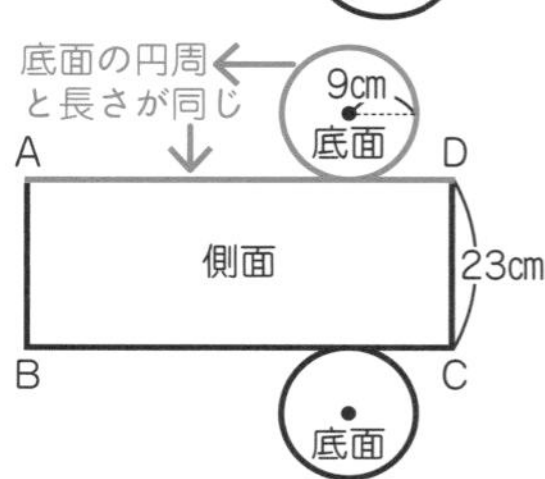

教えるときのポイント！

逆に、円柱の底面の半径を求めてみよう！

［例］右の図は、円柱の展開図です。この展開図で、底面の半径は何㎝ですか。ただし、円周率は3.14とします。

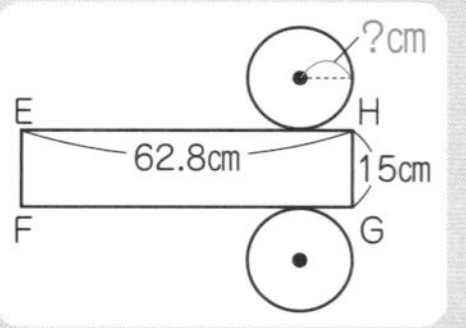

解きかた　展開図の側面の横(図のEH)の長さと、底面の円周の長さが同じなので、

（底面の）直径× 3.14 ＝ 62.8　（底面の）直径＝ 62.8 ÷ 3.14 ＝ 20

（底面の）半径＝ 20 ÷ 2 ＝ 10

答え　10㎝

PART 6
12 円柱の体積の求めかた

6年生

問題 右の円柱の体積を求めましょう。
ただし、円周率は3.14とします。

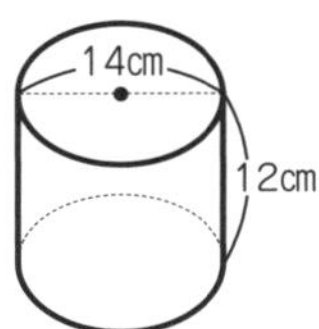

ここが大切！

「円柱の体積＝底面積×高さ」であることをおさえよう！

解きかたと答え

底面の半径は、14 ÷ 2 ＝ 7（cm）

「円柱の体積＝底面積×高さ」なので、

$\underbrace{7 \times 7 \times 3.14}_{\text{底面積}} \times \underbrace{12}_{\text{高さ}} = 7 \times 7 \times 12 \times 3.14 = 588 \times 3.14 = 1846.32$（cm³）

7×7×12を先にもってくる（43ページの交換法則を参照）

7×7×12を計算

答え　1846.32cm³

教えるときのポイント！

円柱をななめに切ってできた立体の体積はどう求める？

「この体積、どう求めればいいの？」と思う方もいるかもしれませんが、下の図1のような立体も体積を求めることができます。

［例］図1は、円柱をななめに切ってできた立体です。この立体の体積は何cm³ですか。ただし、円周率は3.14とします。

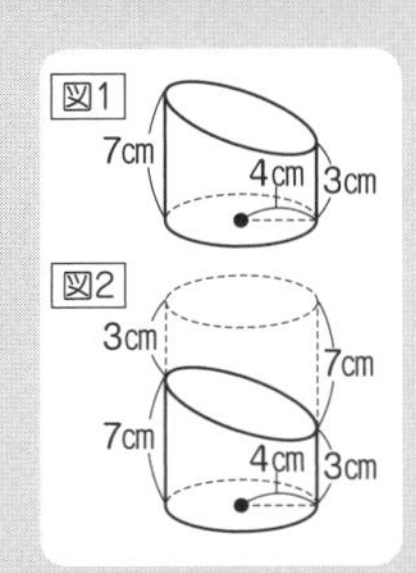

解きかた

この立体と同じ立体を上に重ねると、図2のように円柱ができます。立体を重ねてできた円柱の高さは、7 ＋ 3 ＝ 10（cm）

「底面の半径が4cmで、高さが10cmの円柱の体積」の半分が、「求めたい立体の体積」だから、

$\underbrace{4 \times 4 \times 3.14}_{\text{底面積}} \times \underbrace{10}_{\text{高さ}} \times \underbrace{\frac{1}{2}}_{\text{半分}}$

4×4×10×$\frac{1}{2}$を先にもってくる（43ページの交換法則を参照）

$= 4 \times 4 \times 10 \times \frac{1}{2} \times 3.14$

4×4×10×$\frac{1}{2}$を計算

$= 80 \times 3.14 = 251.2$（cm³）

答え　251.2cm³

PART 6 立体図形

PART 7

01 平均(へいきん)とは？

問題 次の□にあてはまる言葉を答えましょう。

・平均とは、**いくつかの数や量を、等しい大きさになるようにならしたもの**です。

・平均、個数、合計の関係は、右上の面積図（数量の関係を表した長方形の図）で表せます。

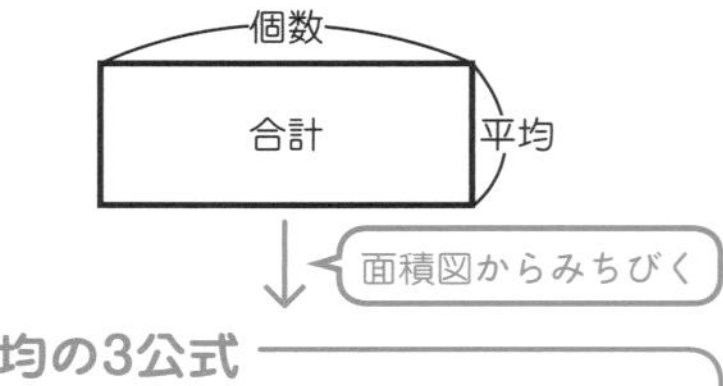

面積図からみちびく

平均の3公式

①平均＝㋐□÷㋑□

②個数＝㋒□÷㋓□

③合計＝㋔□×㋕□

ここが大切！

面積図から、**平均**、**個数**、**合計**の3つの関係をみちびこう！

答え ㋐合計 ㋑個数 ㋒合計 ㋓平均 ㋔平均 ㋕個数

教えるときのポイント！

平均の3公式を実際(じっさい)に使ってみよう！

［例］右の5つのトマトの重さの平均を求めましょう。

解きかた

「平均＝合計÷個数」なので、まず合計を求めます。

159＋163＋168＋157＋173＝820（g）… トマト5この重さの合計

合計の820を、個数の5で割れば、平均が求められるので、820÷5＝**164（g）**

ちなみに、これを、他の2つの公式にあてはめてみると、次のようになります。

・合計（820g）÷平均（164g）＝個数（5こ）

・平均（164g）×個数（5こ）＝合計（820g）

PART 7

02 平均の問題

問題 次の問いに答えましょう。

（1）みかんがいくつかあり、1こあたりの重さの平均は82gでした。そして、みかん全部の重さの合計は1148gでした。みかんは何こありますか。

（2）34人のクラスで、社会のテストがあり、平均点は76点でした。このクラス全員のテストの合計点は何点ですか。

ここが大切！

平均の公式を使いこなせるようになろう！

解きかたと答え

（1）「個数＝合計÷平均」なので、合計（1148g）を平均（82g）で割りましょう。1148 ÷ 82 ＝ 14（こ）

答え　14こ

（2）「合計＝平均×個数（人数）」なので、平均（76点）と人数（34人）をかけましょう。76 × 34 ＝ 2584（点）

答え　2584点

教えるときのポイント！

平均の応用問題を解いてみよう！

［例］30人のクラスで10点満点の計算テストがありました。このクラスの男子14人の平均点は7.5点で、女子16人の平均点は9点でした。このクラス全体の平均点は何点ですか。

解きかた

「合計＝平均×個数（人数）」なので、

7.5 × 14 ＝ 105（点）… 男子14人の合計点

9 × 16 ＝ 144（点）… 女子16人の合計点

105 ＋ 144 ＝ 249（点）…クラス全体（30人）の合計点

「平均＝合計÷個数（人数）」なので、

249 ÷ 30 ＝ 8.3（点）…クラス全体（30人）の平均点

答え　8.3点

PART 7

03 単位量あたりの大きさとは？

5年生

問題 AとBの2つのプールがあります。次の表は、それぞれのプールの面積と、そこにいる人数を表しています。プールAとプールBでは、どちらが混(こ)んでいますか。

	面積（㎡）	人数（人）
プールA	500	40
プールB	400	36

ここが大切！

単位量あたりの大きさとは、
「1gあたり20円」「1㎡あたり3人」などのように、
1つあたりの大きさで表した量であることをおさえよう！

解きかたと答え

1㎡あたりの人数で混み具合を比べましょう。

人数（～人）を面積（～㎡）で割れば、「**1㎡あたりの人数**」を求められます。

プールAでは、500㎡に40人がいるので、「**1㎡あたりの人数**」は 40 ÷ 500 ＝ 0.08（人）

プールBでは、400㎡に36人がいるので、「**1㎡あたりの人数**」は 36 ÷ 400 ＝ 0.09（人）

プールAでは「1㎡あたり0.08人」で、プールBでは「1㎡あたり0.09人」なので、プールBのほうが混んでいます。

答え　プールB

教えるときのポイント！

「1人あたりの面積」でも混み具合を比べられる！

上の解きかたでは「**1㎡あたりの人数**」で比べましたが、「**1人あたりの面積**」で混み具合を調べることもできます。面積（～㎡）を人数（～人）で割れば、「**1人あたりの面積**」を求められます。

プールAの「**1人あたりの面積**」は、500 ÷ 40 ＝ 12.5（㎡）

プールBの「**1人あたりの面積**」は、400 ÷ 36 ＝ $11\frac{1}{9}$（㎡）

プールBのほうが「**1人あたりの面積**」が小さいので、プールBのほうが混んでいます。

答え　プールB

PART 7

04 単位量あたりの大きさの問題

問題 0.04L のガソリンで１㎞走れる自動車があります。

（1）この自動車は、ガソリン1L で何㎞走れますか。

（2）この自動車が175㎞走るのに、ガソリンは何 L 必要ですか。

ここが大切！

どっちをどっちで割るか迷ったら、**かんたんな例で考えよう！**

解きかたと答え

（1）0.04L のガソリンで１㎞走るのだから、走る距離（1 ㎞）を、必要なガソリンの量（0.04L）で割れば、ガソリン１Ｌで走れる距離が求められます。

1 ÷ 0.04 ＝ 25（㎞）

※下の 教えるときのポイント！ 参照

答え 25㎞

（2）（1）から、この自動車は、ガソリン１Ｌあたり 25㎞走れることがわかりました。走る距離（175㎞）を、ガソリン１Ｌあたりで走れる距離（25㎞）で割れば、必要なガソリンの量が求められます。175 ÷ 25 ＝ 7（L）

答え 7L

教えるときのポイント！

どっちをどっちで割るか迷ったときは、かんたんな例で考えよう！

上の 問題 の（1）を解くとき、「1 ÷ 0.04」か「0.04 ÷ 1」か迷うお子さんがいます。そんなときは、かんたんな例で考えることをおすすめします。

例えば、「**2Ｌのガソリンで６㎞走れる自動車があります。この自動車は、ガソリン１Ｌで何㎞走れますか**」というかんたんな例で考えてみましょう。

この問題は、6 ÷ 2 ＝ 3（㎞）とかんたんに求められますね。

この例から、「走る距離（６㎞）÷必要なガソリンの量（2L）＝ガソリン１Ｌで走れる距離（3㎞）」という公式をみちびくことができます。

そして、この公式を、問題 の（1）にあてはめて、「走る距離（1㎞）÷必要なガソリンの量（0.04L）＝ガソリン１Ｌで走れる距離（25㎞）」と求めればいいのです。

PART 7

05 人口密度とは？

問題 **右の表は、A町とB町の面積と人口を表しています。A町とB町では、どちらが混んでいますか。**

	面積（㎢）	人口（人）
A町	45	4815
B町	53	5777

ここが大切！

「人口密度＝人口÷面積」であることをおさえよう！

人口密度とは、**1㎢あたりの人口**のことです。人口密度が大きいほど、その国や地域が混んでいることを表します。

解きかたと答え

「**人口密度＝人口÷面積**」なので、A町とB町の人口密度を求めて、混み具合を比べます。

A町の人口密度は、4815 ÷ 45 ＝ 107（人）

B町の人口密度は、5777 ÷ 53 ＝ 109（人）

人口密度（1㎢あたりの人口）はB町のほうが大きいから、

B町のほうが混んでいます。

答え　B町

教えるときのポイント！

面積と人口密度から、人口を求めてみよう！

まずは、次の［例］をみてください。

［例］ある町の面積は38㎢で、人口密度は141人です。この町の人口は何人ですか。

解きかた

「**人口密度＝人口÷面積**」という公式から、「**人口＝人口密度×面積**」という公式がみちびけます（例えば、「3 ＝ 6 ÷ 2」は「6 ＝ 3 × 2」に変形できるのと同じです）。

「**人口＝人口密度×面積**」だから、この町の人口は、

141 × 38 ＝ 5358（人）

答え　5358人

PART 7
06 長さと重さの単位

3、6年生

問題 次の□にあてはまる数を答えましょう。

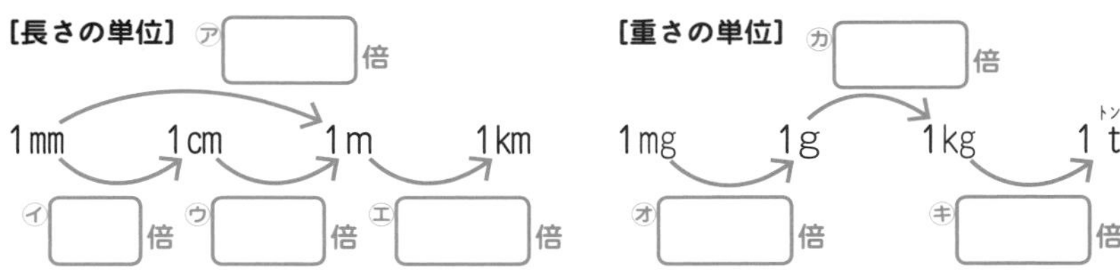

ここが大切！

k（キロ）とm（ミリ）の関係を学んで、
長さと重さの単位をおさえよう！

答え ㋐1000 ㋑10 ㋒100 ㋓1000 ㋔1000 ㋕1000 ㋖1000

教えるときのポイント！

長さと重さの単位を覚えるコツは、k（キロ）とm（ミリ）の関係！

k（キロ）は1000倍を表し、**m（ミリ）は$\frac{1}{1000}$倍**を表します。例えば、長さの単位である1mに**k（キロ）**がつくと、1000倍の1kmになります。一方、1mに**m（ミリ）**がつくと、$\frac{1}{1000}$倍の1mmになります。これは、重さの単位のg（グラム）でも言えることです。

あとは、長さの単位の「**1cm＝10mm**」「**1m＝100cm**」と、重さの単位の「**1t＝1000kg**」の関係をおさえれば、長さと重さの単位は、ほとんどマスターできます。

PART 7 単位量あたりの大きさ

PART 7

07 面積の単位

問題 次の□にあてはまる数を答えましょう。

［面積の単位］

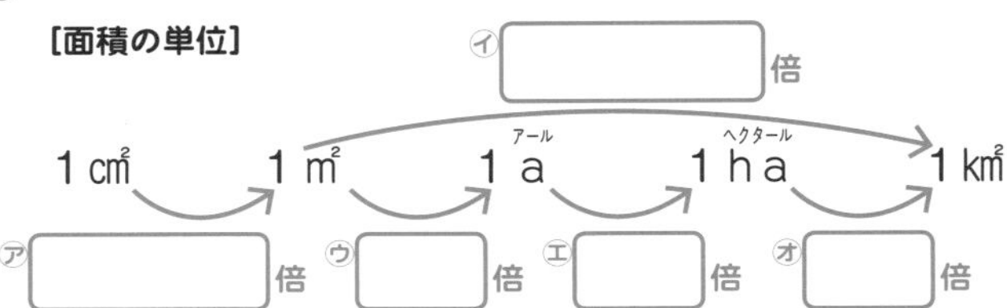

ここが大切！

「1㎡＝10000㎠」と「1㎢＝1000000㎡」は
自分でみちびける！

答え ㋐10000　㋑1000000　㋒100　㋓100　㋔100

教えるときのポイント！

面積の単位の関係をおさえる3つのポイント！

ポイント1「1㎡＝10000㎠」をみちびく

1㎡が何㎠か求めたいとき、「1㎡＝10000㎠」の関係を丸暗記していなくても、みちびくことができます。

1㎡は、1辺が1mの正方形の面積です。右のように、1辺が1mの正方形をかいて、みちびきましょう。

1m＝100㎝なので、1㎡は、100×100＝10000㎠となり、「1㎡＝10000㎠」と求められます。

1m＝100㎝
1㎡
＝100×100
＝10000（㎠）
1m＝100㎝

ポイント2「1㎢＝1000000㎡」をみちびく

同じ考えかたで、1㎢が何㎡かも求められます。1㎢は、1辺が1㎞（＝1000m）の正方形の面積です。だから、

1㎢＝1000×1000＝1000000（㎡）と求められます。

ポイント3 1㎡、1a、1ha、1㎢は100倍ずつ

1㎡、1a、1ha、1㎢は、それぞれ100倍ずつになっています。上記のことを知っておけば、面積の単位の関係はスムーズにおさえられます。

PART 7
08 体積と容積の単位

5、6年生

問題 次の□にあてはまる数を答えましょう。

［体積と容積の単位］

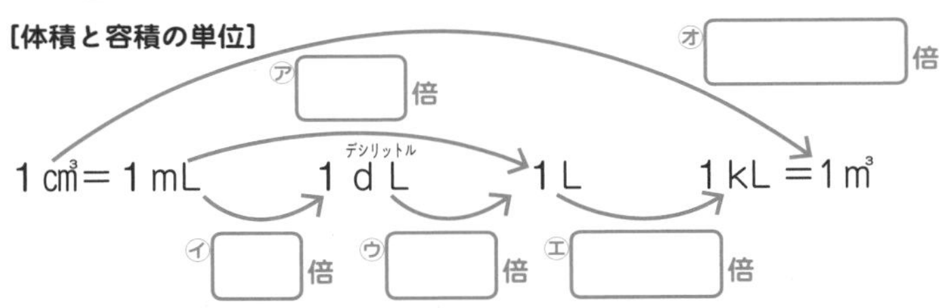

ここが大切！

4つのポイントで、**体積と容積の単位**の関係をおさえよう！

答え ㋐1000 ㋑100 ㋒10 ㋓1000 ㋔1000000

教えるときのポイント！

体積と容積の単位は、4つのポイントでおさえよう！

ポイント1 「1㎤＝1mL」と「1㎥＝1kL」をおさえる

まず、1㎤と1mL、1㎥と1kLは、それぞれ同じ量であることをおさえましょう。

ポイント2 k（キロ）とm（ミリ）の関係をおさえる

149ページで述べた通り、k（キロ）は1000倍を表し、m（ミリ）は$\frac{1}{1000}$倍を表すので、1kL＝1000L、1L＝1000mLであることがわかります。

ポイント3 「1㎥＝1000000㎤」をみちびく

1㎥は、1辺が1mの立方体の体積です。

右のように、1辺が1mの立方体をかいて、みちびきましょう。

1m＝100㎝なので、1㎥は、

100×100×100＝1000000㎤となり、「1㎥＝1000000㎤」と求められます。

1m＝100㎝
1m＝100㎝
1m＝100㎝
体積は1㎥
＝100×100×100
＝1000000（㎤）

ポイント4 「1dL＝100 mL」と「1L＝10 dL」をおさえる

あとは、「1dL＝100 mL」と「1L＝10 dL」の関係を知っておけば、体積と容積の単位の関係はスムーズにおさえられます。

09 長さと重さの単位換算(たんいかんさん)

問題 次の□にあてはまる数を答えましょう。

（1）980m ＝□㎞　　（2）5.1t ＝□kg

ここが大切！

単位の換算は、
「基本の関係からみちびく→計算」の順に解こう！

解きかたと答え

ある単位を別の単位にかえることを単位の換算（単位換算）といいます。

（1）単位換算の問題は、次の２ステップで解けることが多いです。

ステップ１ 基本の関係から何をかければ（何で割れば）いいかをみちびく

ｍと㎞の基本の関係は「1000m ＝１㎞」です。だから、ｍを㎞に直すには、1000で割ればよいことがわかります。

ステップ２ 計算して答えを求める　980 ÷ 1000 ＝ 0.98 なので、980m ＝ 0.98㎞

1000m ＝ 1㎞（1000で割る）　980m ＝ 0.98㎞（1000で割る）

答え 0.98

（2）**ステップ１** 基本の関係から何をかければ（何で割れば）いいかをみちびく

ｔと kg の基本の関係は「1t ＝ 1000 kg」です。だから、ｔを kg に直すには、1000をかければよいことがわかります。

ステップ２ 計算して答えを求める　5.1 × 1000 ＝ 5100 なので、5.1t ＝ 5100kg

1t ＝ 1000kg（1000をかける）　5.1t ＝ 5100kg（1000をかける）

答え 5100

教えるときのポイント！

小数点のダンスを使って計算しよう！

問題（2）の「5.1 × 1000」の計算は、59ページで習った小数点のダンス（かけ算）を使うと、スムーズに計算できます。　**5.1. × 100.0. ＝ 51 × 100 ＝ 5100**

小数点が左右逆の方向に１ケタずつ移動

PART 7

10 面積の単位換算

3、6年生

問題 次の□にあてはまる数を答えましょう。

（1）30a ＝□ha　　（2）0.0005㎢＝□㎡

ここが大切！

面積の単位換算も2ステップで解こう！

解きかたと答え

（1）**ステップ1** 基本の関係から何をかければ（何で割れば）いいかをみちびく

a と ha の基本の関係は「100a ＝ 1ha」です。だから、a を ha に直すには、100 で割ればよいことがわかります。

ステップ2 計算して答えを求める　30 ÷ 100 ＝ 0.3 なので、30a ＝ 0.3ha

100a ＝ 1ha（100で割る）　30a ＝ 0.3ha（100で割る）

答え　0.3

（2）**ステップ1** 基本の関係から何をかければ（何で割れば）いいかをみちびく

㎢と㎡の基本の関係は「1㎢＝ 1000000㎡」です。だから、㎢を㎡に直すには、1000000 をかければよいことがわかります。

ステップ2 計算して答えを求める

0.0005 × 1000000 ＝ 500 なので、0.0005㎢＝ 500㎡

1㎢＝ 1000000㎡（1000000をかける）　0.0005㎢＝ 500㎡（1000000をかける）

答え　500

教えるときのポイント！

面積の単位の関係は、正方形の１辺の長さをもとに覚えることもできる！

例えば、１辺が 10m の正方形の面積は、10 × 10 ＝ 100㎡で、これは 1a と同じ面積です。正方形の１辺の長さと、面積の単位の関係(下の表)をおさえておきましょう。

1辺の長さ	1㎝	1m	10m	100m	1㎞
面積	1㎠	1㎡	1a (=100㎡)	1ha (=10000㎡)	1㎢

1辺の長さ：1㎝ →×100→ 1m →×10→ 10m →×10→ 100m →×10→ 1㎞

面積：1㎠ →×10000→ 1㎡ →×100→ 1a →×100→ 1ha →×100→ 1㎢

面積は10×10＝100㎡＝1a（1辺10m、10m）

PART 7 単位量あたりの大きさ

PART 7

11 体積と容積の単位換算

問題 次の□にあてはまる数を答えましょう。

（1）8.5dL ＝□ mL　　（2）72000㎤＝□ ㎥

ここが大切！

体積と容積には、
同じ量を表す単位があることに注意しよう！

解きかたと答え

（1）**ステップ1** 基本の関係から何をかければ（何で割れば）いいかをみちびく

dL と mL の基本の関係は「1dL ＝ 100mL」です。だから、dL を mL に直すには、100 をかければよいことがわかります。

ステップ2 計算して答えを求める　8.5 × 100 ＝ 850 なので、8.5dL ＝ 850mL

1dL ＝ 100mL（100をかける）　8.5dL ＝ 850mL（100をかける）

答え　850

（2）**ステップ1** 基本の関係から何をかければ（何で割れば）いいかをみちびく

㎤と㎥の基本の関係は「1000000㎤＝ 1㎥」です。だから、㎤を㎥に直すには、1000000 で割ればよいことがわかります。

ステップ2 計算して答えを求める

72000 ÷ 1000000 ＝ 0.072 なので、72000㎤＝ 0.072㎥

1000000㎤＝ 1㎥（1000000で割る）　72000㎤＝ 0.072㎥（1000000で割る）

答え　0.072

教えるときのポイント！

体積と容積には、同じ量を表す単位がある！

[例]「7㎤＝□ mL」の□にあてはまる数を答えましょう。

答え　7

解きかた　「1㎤＝ 1 mL」なので、□には 7 が入ります。

くり返しになりますが、このように、体積と容積には、同じ量を表す単位があることに注意しましょう。さらに、「1㎥＝ 1kL」であることもおさえておきましょう。

PART 7
12 時間の単位換算

5年生

問題 次の□にあてはまる数を答えましょう。

（1）2.7分＝□秒　　（2）3時間56分＝□時間

ここが大切！

時間の単位換算も、2ステップで解ける！

解きかたと答え

（1）ステップ1 基本の関係から何をかければ（何で割れば）いいかをみちびく

分と秒の基本の関係は「1 分＝ 60 秒」です。だから、分を秒に直すには、60 をかければよいことがわかります。

ステップ2 計算して答えを求める　2.7 × 60 ＝ 162 なので、2.7 分＝ 162 秒

1 分＝ 60 秒（60をかける）　2.7 分＝ 162 秒（60をかける）

答え　162

（2）まず、56 分を〜時間に直して、あとで 3 時間をたしましょう。

ステップ1 基本の関係から何をかければ（何で割れば）いいかをみちびく

分と時間の基本の関係は「60 分＝ 1 時間」です。だから、分を時間に直すには、60 で割ればいいことがわかります。

ステップ2 計算して答えを求める　$56 \div 60 = \frac{56}{60} = \frac{14}{15}$なので、56 分＝$\frac{14}{15}$時間

60 分＝ 1 時間（60で割る）　56 分＝$\frac{14}{15}$時間（60で割る）

答え　$3\frac{14}{15}$

$\frac{14}{15}$時間に 3 時間をたして、答えは $3\frac{14}{15}$時間

教えるときのポイント！

時間の単位換算の苦手を克服（こくふく）しよう！

単位換算の中でも、時間の単位換算を苦手にしているお子さんは多いようです。その原因は、答えに分数が出てくることなどが考えられますが、他の単位換算と同じように2ステップで解くことを練習していけば、少しずつ得意にしていけるでしょう。

発展

単位換算の応用問題を解こう

PART７で解説した単位の換算は、多くのお子さんが苦手にしています。問題に単位が何種類も出てくると、頭がこんがらがることがあるかもしれませんが、**基本の関係からみちびくこと**と、**それをもとに計算する**ということを徹底すれば、得意にしていけます。

問題 **次の□にあてはまる数を答えましょう。**
300000㎡＋0.2ha －0.05㎢＝□ a

解きかたと答え

□の単位がａ（アール）なので、それぞれの単位をａに変換してから計算しましょう。

① 300000㎡は、何ａになる？

ステップ１ 基本の関係から何をかければ（何で割れば）いいかをみちびく

㎡とａの基本の関係は「100㎡＝1a」です。だから、㎡をａに直すには、100で割ればよいことがわかります。

ステップ２ 計算して求める

300000÷100＝3000なので、300000㎡＝3000a

100㎡ ＝ 1a（100で割る）　　300000㎡ ＝ 3000a（100で割る）

② 0.2haは、何aになる？

ステップ1 **基本の関係から何をかければ（何で割れば）いいかをみちびく**

haとaの基本の関係は「**1ha＝100a**」です。だから、haをaに直すには、100をかければよいことがわかります。

ステップ2 **計算して求める**

0.2×100＝20なので、**0.2ha＝20a**

1ha＝100a	0.2ha＝20a
100をかける	100をかける

③ 0.05k㎡は、何aになる？

ステップ1 **基本の関係から何をかければ（何で割れば）いいかをみちびく**

k㎡とaの基本の関係は「**1k㎡＝10000a**（1k㎡＝100ha＝10000a）」です。だから、k㎡をaに直すには、10000をかければよいことがわかります。

ステップ2 **計算して求める**

0.05×10000＝500なので、**0.05k㎡＝500a**

1k㎡＝10000a	0.05k㎡＝500a
10000をかける	10000をかける

上の①〜③より、次のように式を変形して、答えを求めます。

　300000㎡＋0.2ha－0.05k㎡
＝3000a＋20a－500a
＝2520a

答え　2520

PART 8

01 速さの単位換算（秒速（びょうそく）～m→分速（ふんそく）～m、時速（じそく）～km）

問題 秒速15m は、分速何 m ですか。また、時速何kmですか。

ここが大切！

時速とは、1時間に進む道のりで表した速さ
分速とは、1分間に進む道のりで表した速さ
秒速とは、1秒間に進む道のりで表した速さ
であることをおさえよう！

解きかたと答え

秒速 15m → 1 秒間に 15m 進む
分速→ 1 分間（＝ 60 秒間）でどれだけ進むか　15 × 60 ＝ 900m →分速 900m
分速 900m → 1 分間に 900m 進む
時速→ 1 時間（＝ 60 分間）でどれだけ進むか　900 × 60 ＝ 54000m →時速 54km

答え　分速900m、時速54km

教えるときのポイント！

速さの単位換算は、意味を考えながら解こう！

速さの単位換算をするとき、「秒速を分速に直すには 60 をかければいい」というように、機械的に解こうとするお子さんがいます。その方法だと覚え間違いなどによって、ミスが増えることがあります。
例えば、「秒速 10m は、分速何 m ですか」という問題なら、次のように意味を考えながら解くことをおすすめします。
秒速 10m とは、「1 秒間に 10m 進む速さ」である
→分速とは、「1 分間（＝ 60 秒間）に進む道のりで表した速さ」である
→ 1 秒間に 10m 進むのだから、1 分間（＝ 60 秒間）では、10 × 60 ＝ 600（m）進み、答えは、**分速 600m**
このように、意味を考えながら順々に解いていくことで、本質的（ほんしつてき）に理解しながら、確実に答えを求められるようになります。

PART 8
02 速さの単位換算(時速〜km→分速〜km、秒速〜m) 5年生

問題 時速73.8kmは、分速何kmですか。また、秒速何 m ですか。

ここが大切！

「時速〜 m」や「分速〜km」のような表しかたもあるので気をつけよう！

解きかたと答え

分速や秒速の意味を考えながら解いていこう！

時速 73.8km→ 1 時間（＝ 60 分間）に 73.8km進む
分速→ 1 分間でどれだけ進むか
73.8 ÷ 60 ＝分速 1.23km
※下の 教えるときのポイント！ 参照

分速 1.23km→ 1 分間（＝ 60 秒間）に 1.23km（＝ 1230m）進む
秒速→ 1 秒間でどれだけ進むか
1230 ÷ 60 ＝秒速 20.5m

答え 分速1.23km、秒速20.5m

教えるときのポイント！

「時速 20m」や「分速 5km」などの表しかたもある！

時速といえば「時速〜km」、分速や秒速なら「分速〜 m」「秒速〜 m」という速さの表しかたが多いです。

一方、上の**問題**のように「分速何kmですか」のような設問もあります。上の**問題**では、「分速 1230m」を答えにして間違った人もいるのではないでしょうか。正しい答えは、「分速 1.23km」で、これは「1 分間に 1.23km進む速さ」を表します。「時速ならkmとセット、分速や秒速なら m とセット」と思いがちですが、これは間違いなので注意しましょう。

PART 8

03 秒速と時速の変換の裏(うら)ワザ

問題 次の問いに答えましょう。

（1）秒速21m は、時速何kmですか。

（2）時速52.2kmは、秒速何 m ですか。

ここが大切！

秒速□m と時速△kmには、
右のように変換できる裏ワザがある！

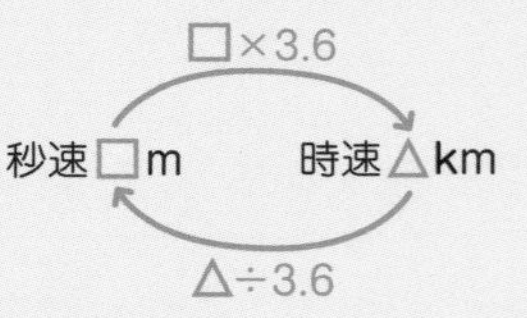

解きかたと答え

（1）秒速□ m を時速△kmに直すには、□× 3.6 を計算すればよいので、

21 × 3.6 ＝ 75.6

答え　時速75.6km

（2）時速△kmを秒速□ m に直すには、△ ÷ 3.6 を計算すればよいので、

52.2 ÷ 3.6 ＝ 14.5

答え　秒速14.5m

教えるときのポイント！

なぜ、この秒速と時速の変換の裏ワザが成り立つの？

秒速□ m とは、「1 秒間に□ m 進む速さ」です。

1 時間＝ 60 分、1 分＝ 60 秒なので、1 時間＝（60 × 60）秒＝ 3600 秒です。

1 秒間に□ m 進むのだから、1 時間（＝ 3600 秒）では、（□× 3600）m 進みます。

（□× 3600）m をkmに直すには、1000 で割ればいいので、

$$□ \times 3600 \div 1000 = □ \times 3600 \times \frac{1}{1000} = □ \times \left(3600 \times \frac{1}{1000}\right) = □ \times \frac{3600}{1000}$$

「÷1000」を「$\times \frac{1}{1000}$」に直す　45ページの結合法則を参照　3600÷1000=3.6

$$= □ \times 3.6$$

これによって、秒速□ m を時速△kmに直すには、□× 3.6 を計算すればいいことがわかります。

一方、時速△kmを秒速□ m に直すには、△÷ 3.6 を計算すればいいのです。

PART 8

04 速さの3公式

問題 ある自動車が、322㎞の道のりを7時間で走ります。

(1) この自動車の速さは、時速何㎞ですか。

(2) この自動車が6時間走ると、何㎞進みますか。

(3) この自動車が184㎞走るのに、何時間かかりますか。

ここが大切！

速さの問題から、**速さの3公式**をみちびこう！

解きかたと答え

(1) 時速とは、1時間に進む道のりで表した速さです。322㎞の道のりを7時間で走るのだから、322（㎞）を7（時間）で割れば、時速が求められます。

322 ÷ 7 = 46

答え　時速46㎞

(2) この自動車は、1時間に46㎞走ります。だから、46（㎞）に6（時間）をかけると、6時間で走る道のりが求められます。

46 × 6 = 276

答え　276㎞

(3) この自動車は、1時間に46㎞走ります。だから、184（㎞）を46（㎞）で割れば、184㎞走るのにかかる時間が求められます。

184 ÷ 46 = 4

答え　4時間

教えるときのポイント！

上の問題から、速さの3公式をみちびこう！

上の問題の（1）では、道のりの322（㎞）を、時間の7（時間）で割って、速さの（時速）46（㎞）を求めました。ここから、「速さ＝道のり÷時間」という公式がみちびけます。

（2）では、速さの時速46（㎞）に、時間の6（時間）をかけて、道のりの276（㎞）を求めました。ここから、「道のり＝速さ×時間」という公式がみちびけます。

（3）では、道のりの184（㎞）を、速さの時速46（㎞）で割って、時間の4（時間）を求めました。ここから、「時間＝道のり÷速さ」という公式がみちびけます。

PART 8

05 単位換算が必要な速さの問題 その1

問題 分速60m で歩く人が7分18秒で進む道のりは何 m ですか。

ここが大切！

単位をそろえてから、速さの3公式を使おう！

解きかたと答え

この問題では、単位をそろえてから計算する必要があります。
分速 60m とは、「1 分間（= 60 秒間）に 60m 進む速さ」です。
秒速とは、「1 秒間でどれだけ進むか」ということなので、
60 ÷ 60 =秒速 1m と求められます。また、「1 分= 60 秒」なので、
7 分 18 秒= 60 秒× 7 + 18 秒= 420 秒+ 18 秒= 438 秒
速さ（秒速 1m）と時間（438 秒）の単位がそろったので、公式が使えます。
「道のり=速さ×時間」なので、1 × 438 = 438（m）

答え 438m

教えるときのポイント！

単位を「分」にそろえて求めることもできる！

上の問題のように、単位をそろえる必要がある速さの問題でつまずく人がいます。例えば、7 分 18 秒= 438 秒なので、「60 × 438」のように計算して間違うケースも見られます。この場合は、「分速 60m」と「438 秒」で単位がそろっていないので、間違いです。

上の解きかたと答えでは、単位を「秒」にそろえて計算しましたが、単位を「分」にそろえて、次のように計算することもできます。

18 秒→$\frac{18}{60}$分=$\frac{3}{10}$分　…155 ページの「時間の単位換算」参照

18 秒=$\frac{3}{10}$分だから、7 分 18 秒= 7$\frac{3}{10}$分

速さ（分速 60m）と時間（7$\frac{3}{10}$分）の単位がそろったので、公式が使えます。
「道のり=速さ×時間」なので、

$$60 \times 7\frac{3}{10} = \frac{60}{1} \times \frac{73}{10} = \frac{\overset{6}{\cancel{60}} \times 73}{1 \times \underset{1}{\cancel{10}}} = 438\ (\mathrm{m})$$

↑かける前に約分する

答え 438m

PART 8
06 単位換算が必要な速さの問題 その2 5年生

問題 時速30kmのバスが55kmを走るのに、何時間何分かかりますか。

ここが大切！

速さの問題で割り切れないときは、
小数ではなく分数で求めよう！

解きかたと答え

速さ（時速 30km）と道のり（55km）の単位がそろっているので、そのまま公式が使えます。

「時間＝道のり÷速さ」なので、

$55 \div 30 = \frac{55}{30} = 1\frac{25}{30} = 1\frac{5}{6}$（時間）

$\frac{5}{6}$ 時間→$\frac{5}{6} \times 60 = 50$（分） …155 ページの「時間の単位換算」参照

$\frac{5}{6}$ 時間が 50 分だから、

$1\frac{5}{6}$ 時間＝1 時間 50 分

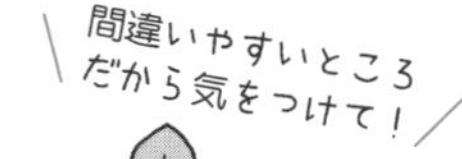

答え　1時間50分

教えるときのポイント！

速さの問題で割り切れないときは、まず分数で求めよう！

上の問題で、「時間＝道のり÷速さ」の公式から、「55 ÷ 30」の答えを小数で求めようとすると、「55 ÷ 30 ＝ 1.833333…」となって割り切れません。

このような場合は、「$55 \div 30 = 1\frac{5}{6}$（時間）」のように、まず分数で求めましょう。

その後、上の解きかたと答えのように、時間の単位換算（$1\frac{5}{6}$時間＝1 時間 50 分）をすれば、答えが求められます。

PART 8

07 旅人算（反対方向に進むとき）

たびびとざん

5年生・発展

問題 2520m 離れたＡ町とＢ町があります。姉は分速75m でＡ町から、妹は分速65m でＢ町から、同時に向かい合って出発しました。このとき、２人が出会うのは出発してから何分後ですか。

ここが大切！

反対方向に進む旅人算は、速さの和を考えよう！

解きかたと答え

姉は１分間に 75m 進み、妹は１分間に 65m 進むので、２人は１分間に、75 ＋ 65 ＝ 140（m）ずつ近づきます。２人は、はじめ 2520m 離れていて、１分間に 140m ずつ近づくので、出発してから 2520 ÷ 140 ＝ 18（分後）に出会います。

答え　18分後

教えるときのポイント！

反対方向に進む旅人算は、もう１パターンある！

上の 問題 は、姉妹が離れた場所から、向かい合って進んだときの設問でした。一方、２人が同じ場所から、反対方向に離れていく旅人算もあります。

［例］ 同じ場所から同時に姉は分速 77m、妹は分速 73m で、反対方向に出発しました。２人が 1650m 離れるのは出発してから何分後ですか。

解きかた　姉は１分間に 77m 進み、妹は１分間に 73m 進むので、２人は１分間に、77 ＋ 73 ＝ 150（m）ずつ離れます。２人は、１分間に 150m ずつ離れるので、1650m 離れるのは出発してから 1650 ÷ 150 ＝ 11（分後）です。

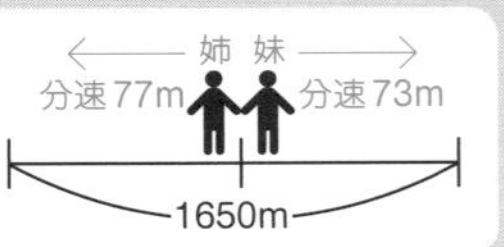

答え　11分後

08 旅人算（同じ方向に進むとき）

5年生・発展

問題 **840m 先にいる弟を、兄が追いかけます。兄は分速92m で、弟は分速68m で進むとき、兄が弟に追いつくのは何分後ですか。**

ここが大切！

同じ方向に進む旅人算は、速さの差を考えよう！

解きかたと答え

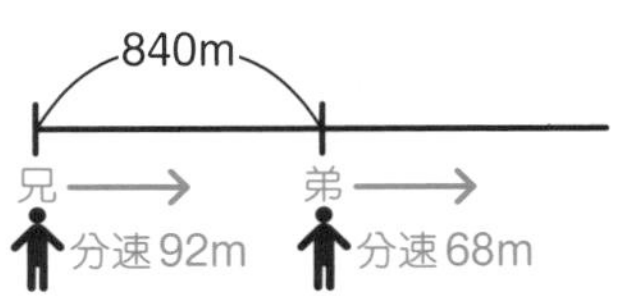

兄は 1 分間に 92m 進み、弟は 1 分間に 68m 進むので、2 人の差は 1 分間に、92 － 68 ＝ 24（m）ずつ縮(ちぢ)まります。はじめの 2 人の差は 840m で、その差が 1 分間に 24m ずつ縮まるので、840 ÷ 24 ＝ 35（分後）に追いつきます。

答え　35分後

教えるときのポイント！

2 人のはじめの距離がわかっていない旅人算を解こう！

上の 問題 は、最初の 2 人の距離が 840m とわかっていましたが、はじめの 2 人の距離がわかっていない場合の旅人算も解いてみましょう。

［例］ 弟が家を出発した 6 分後に、兄が弟を追いかけました。兄は分速 84m で、弟は分速 72m で進むとき、兄が弟に追いつくのは、兄が出発してから何分後ですか。

解きかた　兄が出発するまでに、弟は分速 72m で 6 分間進んでいます。だから、兄が出発するときに、弟は 72 × 6 ＝ 432（m）先にいます。

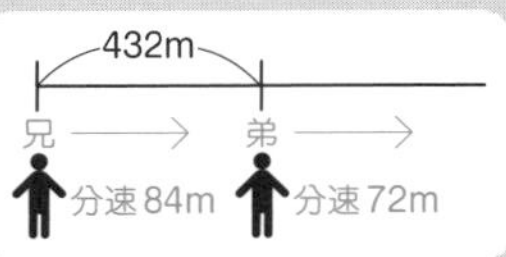

兄が出発してから、2 人の差は、1 分間に 84 － 72 ＝ 12（m）ずつ縮まるので、兄が出発してから、432 ÷ 12 ＝ 36（分後）に追いつきます。

答え　36分後

PART 8

09 旅人算（池のまわりをまわるとき）

5年生・発展

問題 1周2983m の池があります。姉と妹が同じ場所から同時に出発し、反対方向にこの池をまわります。姉は分速81m で、妹が分速76m で進むとき、2人が出会うのは、出発してから何分後ですか。

ここが大切！

池のまわりをまわる旅人算は、大きく2パターンに分かれる！

解きかたと答え

姉と妹が合わせて池1周分（＝ 2983m）を進んだとき、2人は出会います。姉は分速 81m で、妹が分速 76m で進むので、2人は1分間に合わせて 81 ＋ 76 ＝ 157（m）進みます。
1分間に合わせて 157m 進み、合計で 2983m を進んだとき、2人は出会うので、出発してから 2983 ÷ 157 ＝ 19（分後）に出会います。

答え　19分後

教えるときのポイント！

池のまわりを2人が同じ方向にまわる旅人算を解いてみよう！

［例］1周 550m の池があります。兄と弟が同じ場所から同時に出発し、同じ方向にこの池をまわります。兄は分速 92m で、弟が分速 70m で進むとき、兄が弟に最初に追いつくのは、出発してから何分後ですか。

解きかた

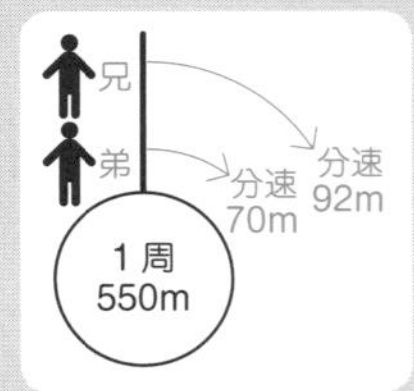

兄が弟より、池1周分（＝ 550m）多く進んだとき、兄は弟に追いつきます。
兄は弟より、1分間に 92 － 70 ＝ 22（m）ずつ多く進みます。だから、550 ÷ 22 ＝ 25（分後）に追いつきます。

答え　25分後

PART 9

01 割合とは？

5年生

問題　7をもとにして、21と比べると、21は7の何倍ですか。

ここが大切！

割合の3公式をおさえよう！

解きかたと答え

21　÷　7　＝　3（倍）

比べられる量 ÷ もとにする量 ＝ 割合

比べられる量が、もとにする量のどれだけ（何倍）にあたるかを表した数を割合といいます。

答え　**3倍**

教えるときのポイント！

割合の3つの公式をみちびこう！

上の問題から、「割合＝比べられる量÷もとにする量」であることがわかりました。「たて（割合）＝長方形の面積（比べられる量）÷横（もとにする量)」と考えると、割合、比べられる量、もとにする量を、右下のような面積図に表すことができます。

割合
比べられる量
もとにする量

この面積図から、「比べられる量＝もとにする量×割合」「もとにする量＝比べられる量÷割合」という公式もみちびくことができます。

これら3つの公式は、割合の問題を解くうえでとても大切なので、おさえておきましょう。

割合の3公式

- 割合＝比べられる量÷もとにする量
- 比べられる量＝もとにする量×割合
- もとにする量＝比べられる量÷割合

PART 9

02 割合の問題

5年生

問題 次の□にあてはまる数を答えましょう。

（1）15m の□倍は 3 m です。

（2）72g は□ g の2.4倍です。

ここが大切！

割合の 3 公式を使って、問題を解いてみよう！

解きかたと答え

（1）まず、割合、比べられる量、もとにする量を見分けます。

※見分けかたは、下の 教えるときのポイント！ 参照

「の」の前

15m（もとにする量） の **□倍**（割合） は **3m**（比べられる量） です。

「**割合＝比べられる量÷もとにする量**」なので、3 ÷ 15 ＝ 0.2

答え 0.2

（2）まず、割合、比べられる量、もとにする量を見分けます。

「の」の前

72g（比べられる量） は **□ g**（もとにする量） の **2.4 倍**（割合） です。

「**もとにする量＝比べられる量÷割合**」なので、72 ÷ 2.4 ＝ 30

答え 30

教えるときのポイント！

割合、もとにする量、比べられる量の見分けかたとは？

「○は□の〜倍です」や「□の〜倍は○です」という文では、次の①、②、③の順に見分けられます。

①「の」の前の□が、もとにする量

②「〜倍」が割合

③残った○が比べられる量

※ただし、「○は□の〜倍です」や「□の〜倍は○です」以外の文では、あてはまらない場合もあるので注意しましょう。

PART 9

03 百分率とは？

5年生

問題 （1）（2）の小数で表した割合を百分率に直し、（3）（4）の百分率を小数で表した割合に直しましょう。

（1）0.58　（2）1.9　（3）21%　（4）305%

ここが大切！

小数で表した割合を、百分率に直すには、100倍する！
百分率を、小数で表した割合に直すには、100で割る！

解きかたと答え

・前の2項目(167ページと168ページ)で習った、0.2倍や2.4倍などの「～倍」の割合を、小数で表した割合といいます。
・百分率は、**割合の表しかたのひとつ**です。
・小数で表した割合の0.01を1%（1パーセント）といいます。
・百分率とは、**パーセントで表した割合**です。

（1）0.58 × 100 ＝ 58　**答え　58%**

（2）1.9 × 100 ＝ 190　**答え　190%**

（3）21 ÷ 100 ＝ 0.21　**答え　0.21**

（4）305 ÷ 100 ＝ 3.05　**答え　3.05**

教えるときのポイント！

「小数で表した割合」と「百分率」の違いとは？

小数で表した割合は、「もとにする量を1（倍）としたときに、比べられる量がどれだけになるか」という考えかたです。一方、百分率は「もとにする量を100（%）としたときに、比べられる量がどれだけになるか」という考えかたです。
例えば、小数で表された割合の0.6（倍）を、百分率に直すと60%になります。
ですから、次の2つの文は同じ意味を表します。
・90gの0.6倍は54gです。　・90gの60%は54gです。

PART 9 割合（わりあい）

PART 9
04 百分率の問題

問題 次の□にあてはまる数を答えましょう。

（1）□cm²は60cm²の85%です。

（2）2200円の□%は682円です。

ここが大切！

割合の3公式は、小数で表した「～倍」の割合だけに使える！

解きかたと答え

割合の3公式は、**小数で表した「～倍」の割合**だけに使えます。ですから、百分率を、小数で表した割合に直してから、割合の3公式を使いましょう。

（1）まず、割合、比べられる量、もとにする量を見分けます。

「の」の前　85%

□cm²（比べられる量） は 60cm²（もとにする量） の 0.85倍（割合） です。

「比べられる量＝もとにする量×割合」なので、60 × 0.85 ＝ 51

答え 51

（2）まず、割合、比べられる量、もとにする量を見分けます。

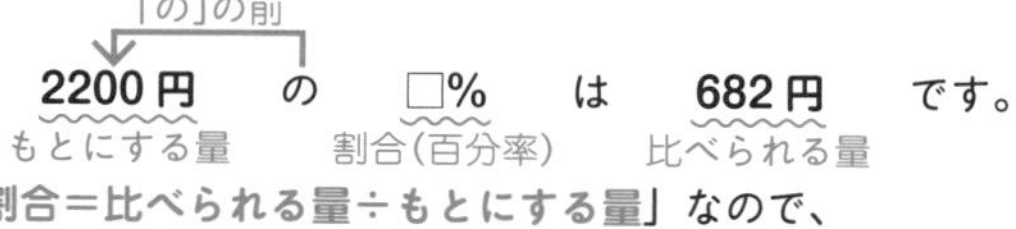

「割合＝比べられる量÷もとにする量」なので、

682 ÷ 2200 ＝ 0.31（小数で表した割合）→ 31%（百分率）

答え 31

教えるときのポイント！

単位換算が必要な百分率の問題を解こう！

［例］「□ haの35%は105aです」の□にあてはまる数を答えましょう。

解きかた

まず、割合、比べられる量、もとにする量を見分けます。

「の」の前　35%

□ha（もとにする量） の 0.35倍（割合） は 105a（比べられる量） です。

「もとにする量＝比べられる量÷割合」なので、105 ÷ 0.35 ＝ 300（a）

「100a ＝ 1 ha」なので、300a ＝ 3 ha

答え 3

PART 9

05 歩合（ぶあい）とは？

5年生

問題 （1）（2）の小数で表した割合を歩合に直し、（3）（4）の歩合を小数で表した割合に直しましょう。

（1）0.956　（2）0.108　（3）3割1分2厘　（4）5分7厘

ここが大切！

歩合は、もとにする量を10割と考えよう！

解きかたと答え

・歩合は、**割合の表しかたのひとつ**です。
・歩合とは、割合を右のように表したものです。

小数で表した割合		歩合
0.1（倍）	⇒	1割（わり）
0.01（倍）	⇒	1分（ぶ）
0.001（倍）	⇒	1厘（りん）

（1）0.956は、0.1が9つ、0.01が5つ、0.001が6つなので、9割5分6厘です。

答え　9割5分6厘

（2）0.108は、0.1が1つ、0.001が8つなので、1割8厘です。

答え　1割8厘

（3）3割1分2厘は、0.1が3つ、0.01が1つ、0.001が2つなので、0.312です。

答え　0.312

（4）5分7厘は、0.01が5つ、0.001が7つなので、0.057です。

答え　0.057

教えるときのポイント！

「小数で表した割合」と「歩合」の違いとは？

小数で表した割合は、「もとにする量を1（倍）としたときに、比べられる量がどれだけになるか」という考えかたです。一方、歩合は「もとにする量を10（割）としたときに、比べられる量がどれだけになるか」という考えかたです。
例えば、小数で表された割合の0.3（倍）を、歩合に直すと3割になります。ですから、次の2つの文は同じ意味を表します。

・80円の0.3倍は24円です。　・80円の3割は24円です。

PART 9
06 歩合の問題

5年生

問題 次の□にあてはまる数を答えましょう。

（1）□kmは125kmの２割４分８厘です。

（2）□m³の９割５分は38m³です。

ここが大切！

歩合を、**小数で表した割合**に直してから、
割合の３公式を使おう！

解きかたと答え

歩合を、小数で表した割合に直してから、割合の３公式を使いましょう。

（1）まず、割合、比べられる量、もとにする量を見分けます。

「比べられる量＝もとにする量×割合」なので、125 × 0.248 ＝ 31

答え 31

（2）まず、割合、比べられる量、もとにする量を見分けます。

「もとにする量＝比べられる量÷割合」なので、38 ÷ 0.95 ＝ 40

答え 40

教えるときのポイント！

単位換算が必要な歩合の問題を解こう！

［例］「□cm³は 4.6L の８割９分５厘です」の□にあてはまる数を答えましょう。

解きかた

まず、単位をcm³にそろえます。「1L＝1000cm³」なので、4.6L＝4600cm³

「の」の前　8割9分5厘

□cm³ は 4600cm³ の 0.895倍 です。

比べられる量　もとにする量　割合

次に、割合、比べられる量、もとにする量を見分けます。

「比べられる量＝もとにする量×割合」なので、

4600 × 0.895 ＝ 4117

答え 4117

PART 9

07「～割増し」の問題

5年生・発展

問題 原価が900円の品物に２割増しの定価をつけました。この品物の定価は何円ですか。

ここが大切！

「～割増し」の意味をおさえよう！

解きかたと答え

・原価 … お店などで、品物を仕入れたときの値段
・定価 … 原価に、「希望するもうけ（これを見こみの利益という)」を加えた値段
・まとめると、「原価＋見こみの利益＝定価」となります。
・「2 割増し」というのは、「原価に、原価の 2 割（＝ 0.2 倍）の利益を見こんで（加えて）定価をつける」という意味です。この問題を線分図に表すと、次のようになります（①などの○でかこった数は割合を表します)。

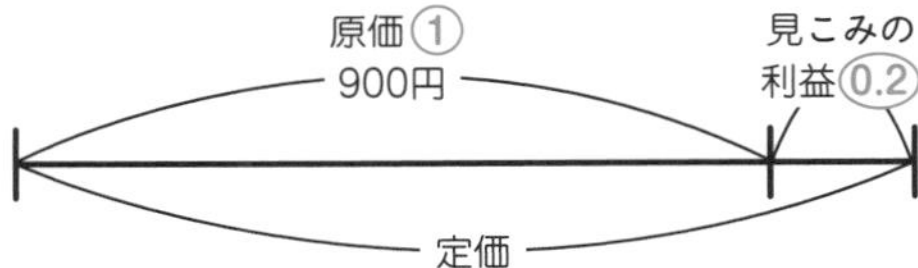

線分図から、原価の（1 ＋ 0.2 ＝）1.2 倍が定価にあたることがわかります。
900 × 1.2 ＝ 1080（円）… 定価

答え　1080円

教えるときのポイント！

見こみの利益を出してから、定価を求めることもできる！

上の線分図から、「原価の 0.2 倍が、見こみの利益」であることがわかります。だから、見こみの利益は 900 × 0.2 ＝ 180（円）です。原価に、見こみの利益をたして、定価が（900 ＋ 180 ＝）1080（円）と求められます。
どちらの方法でも解けるように練習していきましょう。

PART 9 割合

PART 9

08 「～割引(わりび)き」の問題

問題 定価が2100円の品物を3割引きで売ると、この品物の売(う)り値(ね)は何円ですか。

ここが大切！

「～割引き」の意味をおさえよう！

解きかたと答え

・定価で売りたくても売れなかった場合などに、品物が値引(ねび)きされることがあります。

・実際にお客さんに売った値段を、売り値といいます。

・「3割引き」というのは「定価から、定価の3割（＝0.3倍）を値引きして売り値をつける」という意味です。この問題を線分図に表すと、次のようになります（①などの○でかこった数は割合を表します）。

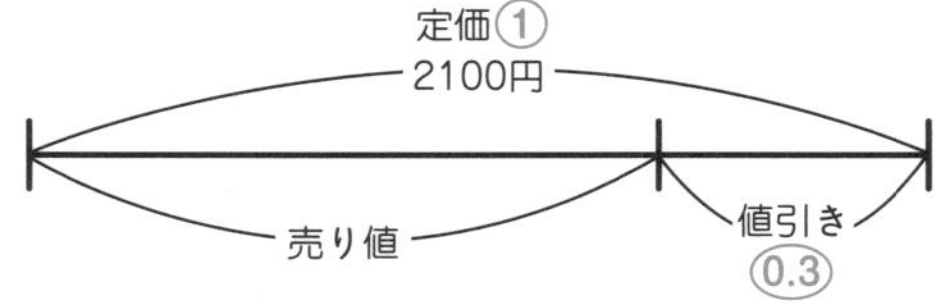

線分図から、定価の（1 − 0.3 ＝）0.7倍が売り値にあたることがわかります。

2100 × 0.7 ＝ 1470（円）… 売り値

答え　1470円

教えるときのポイント！

値引き額(がく)を出してから、売り値を求めることもできる！

上の線分図から、「定価の0.3倍が値引き額」であることがわかります。だから、値引き額は2100 × 0.3 ＝ 630（円）です。定価から値引き額を引いて、売り値が（2100 − 630 ＝）1470（円）と求められます。

どちらの方法でも解けるように練習していきましょう。

PART 9

09 帯(おび)グラフの問題（割合のグラフ）

5年生

問題 ある40人の生徒の好きな食べ物を調べたところ、次の帯グラフのようになりました。このとき、後の問いに答えましょう。

カレーライス 35%	すし 25%	ハンバーグ	ラーメン 15%	その他 5%

（1）ハンバーグが好きな生徒は、全体の何%ですか。
（ヒント：全体で100%です）

（2）カレーライスが好きな生徒の人数は何人ですか。

ここが大切！

帯グラフとは、「全体を長方形で表し、各部分の割合を、たての線で区切ったグラフ」であることをおさえよう！

解きかたと答え

（1）全体で 100%なので、ハンバーグが好きな生徒の割合は、
100 －（35 ＋ 25 ＋ 15 ＋ 5）＝ 20（%）

答え 20%

（2）カレーライスが好きな生徒の割合（百分率）35%を、小数で表した割合に直すと、0.35 倍になります。
「比べられる量（カレーライスが好きな生徒の人数）＝もとにする量（全体）×小数で表した割合」なので、40 × 0.35 ＝ 14（人）

答え 14人

教えるときのポイント！

割合を割合で割るワザを身につけよう！

［例］カレーライスが好きな生徒の人数は、すしが好きな人数の何倍ですか。

解きかた

カレーライスが好きな生徒の割合は35%で、すしが好きな生徒の割合は25%です。
ですから、35 ÷ 25 ＝ 1.4（倍）と求めることができます。

答え 1.4倍

この［例］のように、カレーライスとすしが好きな人数をそれぞれ求めることなく、割合を割合で割ることで何倍かを求められることをおさえましょう。

PART 9

10 円グラフの問題（割合のグラフ）

5年生

問題 ある畑では５種類の野菜を作っており、その収かく量の合計は300kg でした。右の円グラフは、それぞれの野菜の収かく量の割合を表したものです。

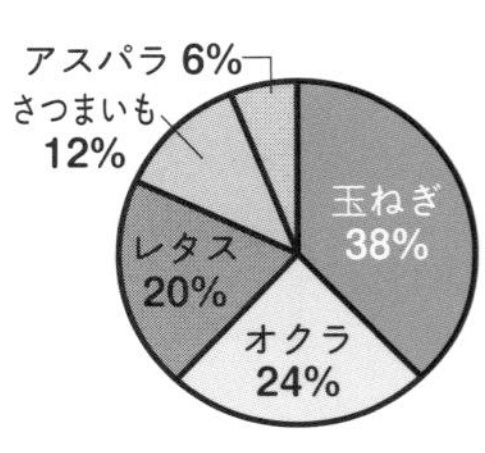

（1）さつまいもの収かく量は何 kg ですか。

（2）玉ねぎの収かく量は、レタスの収かく量の何倍ですか。

ここが大切！

円グラフとは、「全体を円で表し、各部分の割合を、半径で区切ったグラフ」であることをおさえよう！

解きかたと答え

（1）さつまいもの収かく量の割合（百分率）12%を、小数で表した割合に直すと、0.12倍になります。「比べられる量（さつまいもの収かく量）＝もとにする量（収かく量の合計）×小数で表した割合」なので、答えは、300 × 0.12 ＝ 36（kg）

答え　36kg

（2）収かく量の割合は、玉ねぎが 38%で、レタスが 20%です。
だから、玉ねぎの収かく量は、レタスの収かく量の
38 ÷ 20 ＝ 1.9（倍）です。

答え　1.9倍

教えるときのポイント！

割合のまとめとして、次の問題を解いてみよう！

[例] 上の 問題 で、収かくした玉ねぎのうち、７割を市場にもっていきました。市場にもっていった玉ねぎは何 kg ですか。

解きかた

「比べられる量（玉ねぎの収かく量）＝もとにする量（収かく量の合計）×小数で表した割合」なので、玉ねぎの収かく量は、300 × 0.38 ＝ 114（kg）
「比べられる量（市場にもっていった量）＝もとにする量（玉ねぎの収かく量）×小数で表した割合」なので、答えは、114 × 0.7 ＝ 79.8（kg）

答え　79.8kg

PART 10

01 比とは？

6年生

問題 次の比の値(あたい)を求めましょう。

(1) 5：9　　(2) 14.5：2.9　　(3) $\frac{7}{9}:\frac{5}{12}$

ここが大切！

「比」と「比の値」の意味をおさえよう！

例えば、50㎝と 70㎝という 2 つの数の割合について、5：7（読みかたは 5 対(たい)7）のように比べやすく表すことができます。このように表された割合を比といいます。

解きかたと答え

A：B のとき、「A ÷ B の答え」を、比の値といいます。

(1) $5 \div 9 = \frac{5}{9}$

(2) $14.5 \div 2.9 = 5$

(3) $\frac{7}{9} \div \frac{5}{12} = \frac{7}{9} \times \frac{12}{5} = \frac{7 \times 12^{4}}{{}_{3}9 \times 5} = \frac{28}{15} = 1\frac{13}{15}$

割る数の逆数をかける　かける前に約分

教えるときのポイント！

「小数：小数」の比の値が割り切れないときはどうする？

[例] 0.5：1.7 の比の値を求めましょう。

0.5 ÷ 1.7 を筆算で計算しても、0.2941176…となって割り切れません。このようなときは、次のどちらかの解きかたで、比の値を求めましょう。

解きかた1 倍分(ばいぶん)の考えかた（分母と分子に同じ数をかけても、分数の大きさはかわらない性質）を使う（81 ページ参照）。

$0.5 \div 1.7 = \frac{0.5}{1.7} = \frac{0.5 \times 10}{1.7 \times 10} = \frac{5}{17}$

分母と分子に10をかける

解きかた2 小数点のダンス（割り算では、小数点が左右同じ方向に、同じ数のケタだけ移動（ダンス）する性質を使う（60 ページ参照）。

$0.5 \div 1.7 = 0.5. \div 1.7. = 5 \div 17 = \frac{5}{17}$

小数点を右に 1 ケタずつ移動

PART 10

02 等しい比とは？

6年生

問題 ㋐〜㋒の比のなかで、3：7と等しい比はどれですか。記号で答えましょう。

㋐ 9：14　　㋑ 1.5：2.1　　㋒ $\frac{1}{4}:\frac{7}{12}$

ここが大切！

比の値が等しいとき、
それらの「比は等しい」ということをおさえよう！

解きかたと答え

3:7の比の値は、$3 \div 7 = \frac{3}{7}$ です。㋐〜㋒の比の値を調べて、$\frac{3}{7}$ になったものが答えです。

㋐ 9：14 の比の値は、$9 \div 14 = \frac{9}{14}$ なので、答えではありません。

㋑ 1.5:2.1 の比の値は、$1.5 \div 2.1 = \frac{1.5 \times 10}{2.1 \times 10} = \frac{15}{21} = \frac{5}{7}$ なので、答えではありません。

㋒ $\frac{1}{4} \div \frac{7}{12} = \frac{1}{4} \times \frac{12}{7} = \frac{1 \times \overset{3}{\cancel{12}}}{\underset{1}{\cancel{4}} \times 7} = \frac{3}{7}$ なので、答えです。

割る数の逆数をかける　　かける前に約分

答え ㋒

教えるときのポイント！

等しい比は、＝（等号（とうごう））でつなぐことができる！

＝のことを、等号といいます。

上の 問題 で、3：7と$\frac{1}{4}:\frac{7}{12}$の比の値は、どちらも$\frac{3}{7}$でした。
比の値が等しいとき、

$$3:7 = \frac{1}{4}:\frac{7}{12}$$

のように、等号でつなぐことができることをおさえましょう。

PART 10
03 等しい比の性質

6年生

問題 次の□にあてはまる数を答えましょう。

(1) 4：5 ＝ 8：10 (×□、×□)

(2) 35：45＝7：9 (÷□、÷□)

ここが大切！

A：B のとき、A と B に**同じ数をかけても割っても、比は等しい**ことをおさえよう！

解きかたと答え

(1) A：Bのとき、**AとBに同じ数をかけても比は等しい**という性質があります。(1) では、4：5のどちらの数にも、**2**をかけています（4×2＝8、5×2＝10)。

4：5＝8：10 (×2、×2)

(2) A：Bのとき、**AとBを同じ数で割っても比は等しい**という性質があります。(2)では、35:45のどちらの数も、**5**で割っています（35÷5＝7、45÷5＝9)。

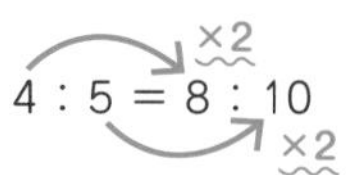

PART 10 比

教えるときのポイント！

等しい比の性質にもっと慣れよう！

例えば、次の［例］のような問題が出されることもあります。

［例］8：12 と等しい整数の比を、3つ作りましょう。

解きかた

8：12の8と12をそれぞれ2倍、3倍、4倍、…していけば、等しい比は無限(むげん)に作ることができます。

8：12＝16：24＝24：36＝32：48＝…… (×2、×3、×4)

8：12の8と12をそれぞれ2で割ったり、4で割ったりしても、等しい比を作ることができます。

8：12＝4：6＝2：3 (÷2、÷4)

答えの例　2：3、4：6、16：24

PART 10

04 整数どうしの比をかんたんにする

問題 次の比をかんたんにしましょう。

（1）24：18　（2）27：90　（3）34：85

ここが大切！

整数どうしの比をかんたんにするには、
最大公約数で割るのがコツ！

解きかたと答え

前のページで習った、等しい比の性質を使って、**できるだけ小さい整数の比に直すこと**を、比をかんたんにするといいます。
（1）～（3）のような、整数どうしの比をかんたんにするには、最大公約数で割るのがポイントです。ここでは、A：Bのとき、AとBを同じ数で割っても比は等しいという性質を使います。

（1）24と18の最大公約数の6で割りましょう。
　24：18＝24÷6：18÷6＝**4：3**

（2）27と90の最大公約数の9で割りましょう。
　27：90＝27÷9：90÷9＝**3：10**

（3）34と85の最大公約数の17で割りましょう。
　34：85＝34÷17：85÷17＝**2：5**

教えるときのポイント！

何回かに分けて割るのはミスのもと！

例えば、上の（1）の24：18で

24：18＝12：9＝4：3

のように何回かに分けて、割って答えを出す方法も間違いではありません。しかし、この方法だと時間がかかりますし、12：9を4：3にするのを忘れて、12：9を答えにして間違うおそれもあります。最大公約数で、1回で割って答えを求めるようにしましょう。

PART 10

05 小数どうしの比をかんたんにする

問題 次の比をかんたんにしましょう。

（1）0.2：0.8　（2）5.7：3.8　（3）0.74：2.22

ここが大切！

小数どうしの比は、**整数どうしの比**に直してから、かんたんにしよう！

解きかたと答え

（1）～（3）のような、小数どうしの比は、比の両方の数を、10倍、100倍、…して整数の比に直してから、かんたんにしましょう。下の 教えるときのポイント！ は、A：Bのとき、AとBに同じ数をかけても比は等しいという性質も使います。

（1）0.2:0.8の両方の数を10倍して、整数の比に直してから、かんたんにしましょう。

0.2：0.8＝0.2×10：0.8×10＝2：8＝2÷2：8÷2＝**1：4**

（10倍する）

（2）5.7:3.8の両方の数を10倍して、整数の比に直してから、かんたんにしましょう。

5.7：3.8＝5.7×10：3.8×10＝57：38＝57÷19：38÷19＝**3：2**

（10倍する）

（3）0.74:2.22の両方の数を100倍して、整数の比に直してから、かんたんにしましょう。

0.74：2.22＝0.74×100：2.22×100＝74：222＝74÷74：222÷74＝**1：3**

（100倍する）

教えるときのポイント！

小数どうしの比をかんたんにするのに慣れてきたら使えるワザ！

例えば、上の（1）の0.2：0.8は、両方の数に5をかければ、次のように、一気に答えが求められます。

0.2：0.8＝0.2×5：0.8×5＝**1：4**

慣れてきたら、このような方法も試してみましょう。

PART 10 比

06 分数どうしの比をかんたんにする　6年生

問題　次の比をかんたんにしましょう。

(1) $\frac{2}{3}:\frac{1}{2}$　　(2) $\frac{7}{10}:\frac{14}{15}$

ここが大切！

分数どうしの比は、両方の数の**分母の最小公倍数**をかけて、整数どうしの比に直してから、かんたんにしよう！

解きかたと答え

(1) $\frac{2}{3}$と$\frac{1}{2}$の両方の数に**分母(3と2)の最小公倍数6**をかけて、整数の比に直してから、かんたんにしましょう。

$$\frac{2}{3}:\frac{1}{2}=\frac{2}{3}\times 6:\frac{1}{2}\times 6=\frac{2}{\cancel{3}_1}\times\cancel{6}^2:\frac{1}{\cancel{2}_1}\times\cancel{6}^3=\mathbf{4:3}$$

3と2の最小公倍数の6をかける

(2) $\frac{7}{10}$と$\frac{14}{15}$の両方の数に**分母（10と15）の最小公倍数30**をかけて、整数の比に直してから、かんたんにしましょう。

$$\frac{7}{10}:\frac{14}{15}=\frac{7}{10}\times 30:\frac{14}{15}\times 30=\frac{7}{\cancel{10}_1}\times\cancel{30}^3:\frac{14}{\cancel{15}_1}\times\cancel{30}^2=21:28$$

10と15の最小公倍数の30をかける

$$=21\div 7:28\div 7=\mathbf{3:4}$$

教えるときのポイント！

小数：分数をどうやってかんたんにするのか？

[例] 2.1：$\frac{6}{7}$をかんたんな比にしましょう。

解きかた

小数：分数の比は、小数を分数に直して、次のようにかんたんにしましょう。

$$2.1:\frac{6}{7}=\frac{21}{10}:\frac{6}{7}=\frac{21}{10}\times 70:\frac{6}{7}\times 70=\frac{21}{\cancel{10}_1}\times\cancel{70}^7:\frac{6}{\cancel{7}_1}\times\cancel{70}^{10}$$

10と7の最小公倍数の70をかける

$$=147:60=147\div 3:60\div 3=\mathbf{49:20}$$

PART 10

07 比例式(ひれいしき)とは？

6年生・発展

問題 次の□にあてはまる数を答えましょう。

2：9＝3：□

ここが大切！

比例式とは、A：B＝C：D のように、
比が等しいことを表した式であることをおさえよう！

解きかたと答え

3÷2＝1.5 なので、2 に 1.5 をかければ 3 になることがわかります。

A：B のとき、**A と B に同じ数をかけても比は等しい**ので、

□＝9×1.5＝13.5

×1.5
2：9＝3：□
×1.5

答え 13.5

教えるときのポイント！

比例式の「内項(ないこう)の積と外項(がいこう)の積は等しい」性質を使っても解ける！

A：B＝C：D という比例式で、内側の B と C を**内項**といい、外側の A と D を**外項**といいます。

比例式には、**内項の積と外項の積は等しい（A：B＝C：D のとき、B×C＝A×D になる）**という性質があります。

外項の積(A×D)
A：B＝C：D 等しい
内項の積(B×C)

この性質を使って、上の**問題**の比例式「2:9＝3:□」の□を求めてみましょう。

内項の積は、9×3＝27 です。外項の積も 27 になるので、□は次のように求められます。

2×□＝27

□＝27÷2＝13.5

外項の積(2×□)も27になる
2：9＝3：□
内項の積(9×3＝27)

この比例式の性質は、中学数学の範囲ですが、小学生でも知っておいたほうが解きやすくなることが多いため、紹介しました。

PART 10

08 比の文章題(一方の数がわかっているとき) 6年生

問題 **AとBのバケツがあり、Aには840mLの水が入っています。AとBに入っている水の量の比が4：3のとき、Bには何mLの水が入っていますか。**

ここが大切！

比の文章題の2つの解きかたをおさえよう！

解きかたと答え

めもりつきの線分図をかくと、次のようになります。

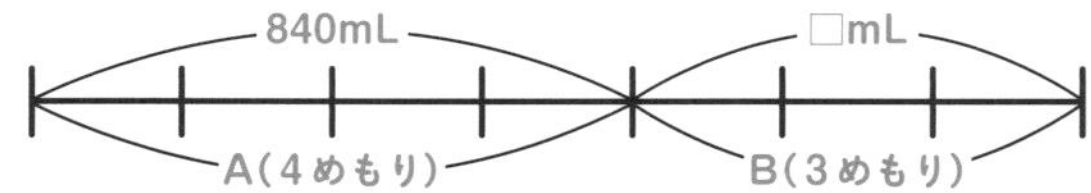

Aに注目すると、線分図の4めもり分が840mLにあたります。
だから、1めもり分は840 ÷ 4 = 210（mL）です。
Bに入っている水の量は3めもり分なので、210 × 3 = 630（mL）です。

答え 630mL

教えるときのポイント！

等しい比の性質を使っても解ける！

上の問題は、等しい比の性質を使って解くこともできます。Bに入っている水の量を□mLとすると、右の比例式が成り立ちます。

4：3 = 840：□
（AとBの水量の比）（実際の水量の比）

840 ÷ 4 = 210なので、4に210をかければ840になることがわかります。

A:Bのとき、AとBに同じ数をかけても比は等しいので、

×210
4：3 = 840：□
×210

□= 3 × 210 = 630

線分図をかいて解くのは時間がかかるので、慣れたら、等しい比の性質を使う方法で解くようにしていきましょう。

答え 630mL

PART 10
09 比の文章題(合計がわかっているとき)

問題 Aと Bの土地があり、2つの土地の面積は合わせて720㎡です。Aと Bの面積の比が7：2のとき、Bの土地の面積は何㎡ですか。

ここが大切！

合計がわかっているときの、比の文章題を解こう！

解きかたと答え

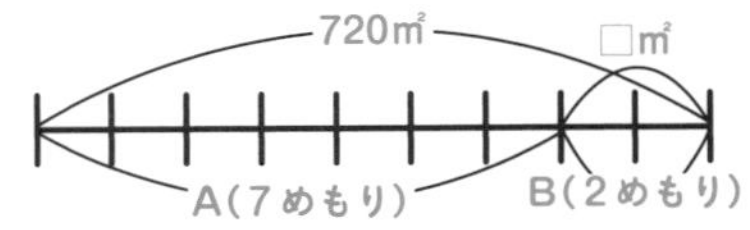

めもりつきの線分図をかくと、右のようになります。

Aの7めもり分とBの2めもり分をたした、(7＋2＝)9めもり分が720㎡にあたります。

9めもり分が720㎡にあたるので、1めもり分は720÷9＝80（㎡）です。

Bの土地は2めもり分なので、80×2＝160（㎡）です。

答え 160㎡

教えるときのポイント！

3つの数の比の文章題を解こう！

2つの数の比の文章題を解いてきましたが、ここでは、3つの数の比の文章題を解いてみましょう。

[例] 黄色、茶色、青色の折り紙が合わせて77枚あります。黄色、茶色、青色の折り紙の枚数の比が、2：4：5のとき、青色の折り紙は何枚ありますか。

解きかた

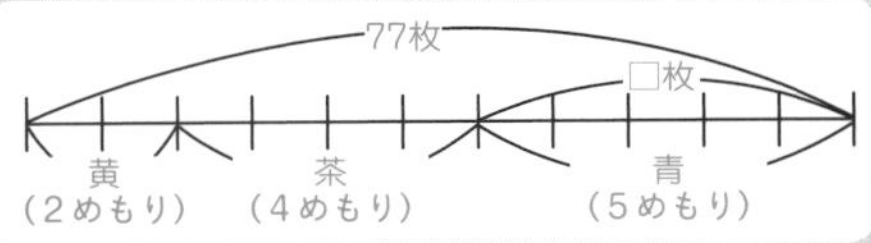

めもりつきの線分図をかくと、右のようになります。黄色の2めもり分と、茶色の4めもり分と、青色の5めもり分をたした、(2＋4＋5＝) 11めもり分が77枚にあたります。11めもり分が77枚にあたるので、1めもり分は77÷11＝7（枚）です。

青色の折り紙は5めもり分なので、7×5＝35（枚）です。

答え 35枚

3つ以上の数の比を考えよう

ここまでは、5：7のような、2つの数の比を中心に考えてきました。一方、A：B：C：……のような、3つ以上の数の比を、連比(れんぴ)といいます（前ページの教えるときのポイント！の［例］も、連比の問題でした）。ここではさらに、連比の問題を解いてみましょう。

問題 **A：B＝9：8、B：C＝12：11のとき、A：B：Cを求めましょう。**

解きかたと答え

連比を求める問題では、右のように、比を並(なら)べて書きましょう。

```
A : B : C
9 : 8
    12 : 11
```

Bが8と12の2通りの数で表されていますね。Bの8と12をそろえることを考えましょう。8を3倍して24、12を2倍して24にすれば、Bを24にそろえることができます。つまり、Bを、8と12の最小公倍数の24にそろえたということです。

「A：Bのとき、AとBに同じ数をかけても、比は等しい」ので、A：B＝9：8をそれぞれ3倍して、A：B＝（9×3）：（8×3）＝27：24としましょう。

また、同じ性質によって、B：C＝12：11をそれぞれ2倍して、B：C＝（12×2）：（11×2）＝24：22としましょう。

```
   A : B : C
27 9 : 8 24
  24 12 : 11 22
   27 : 24 : 22
```

これにより、A：B：C＝27：24：22と求められました。

答え **27：24：22**

このように、比では、3つ以上の数も比べられることをおさえましょう。

PART 11

01 □を使ったたし算の式

問題 次の文を、わからない数を□として、たし算の式に表しましょう。また、□にあてはまる数を答えましょう。

・はじめ、カードが38枚ありましたが、何枚かもらったので57枚になりました。

ここが大切！

□を使ったたし算の式は、2ステップで解こう！

解きかたと答え

□を使った式の問題は、2ステップで解くことができます。

ステップ1 わからない数を□として、式を作る

もらったカードの枚数を、□（枚）とします。

「はじめの枚数＋もらった枚数＝合計の枚数」なので、右のように式を作れます。

38 ＋ □ ＝ 57

はじめの枚数 ＋ もらった枚数 ＝ 合計の枚数

ステップ2 線分図をかいて、□にあてはまる数を計算する

線分図をかくと、右のようになります。線分図から、「もらった枚数（□枚）＝合計の枚数（57 枚）－はじめの枚数（38 枚）」だとわかるので、□＝ 57 － 38 ＝ 19

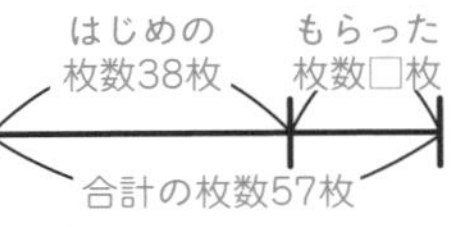

答え　式…38＋□＝57、□にあてはまる数…19

教えるときのポイント！

あえて、□を使って求める理由とは？

「□を使わず、すぐに 57 － 38 ＝ 19 と求めればいいのでは？」と思う人がいるかもしれませんが、小学３年生で習う「□を使った式」では、**あえて、□を使って式を作り、その□を求める**という、一見遠回りの解きかたを学びます。

実は、これには理由があります。「わからない数を□とおいて式を作る」というのは、中学で習う文字式（もじしき）や方程式（ほうていしき）の考えかたにつながります。ですから、「□を使った式」では、単にテクニックを学ぶというよりは、数学の「考えかた」を学ぶ単元（たんげん）という意味合いが強いのです。

PART 11

02 □を使った引き算の式

問題 次の文を、わからない数を□として、引き算の式に表しましょう。また、□にあてはまる数を答えましょう。

・はじめ、図書館に25人いましたが、何人か帰ったので、残った人数は９人になりました。帰った人数は何人ですか。

ここが大切！

□を使った引き算の式も、２ステップで解こう！

解きかたと答え

何を□にすればいいかな？

□を使った式の問題は、２ステップで解くことができます。

ステップ１ わからない数を□として、式を作る

帰った人数を、□（人）とします。

「はじめにいた人数－帰った人数＝残った人数」なので、右のように式を作れます。

25 － □ ＝ 9

はじめにいた人数 － 帰った人数 ＝ 残った人数

ステップ２ 線分図をかいて、□にあてはまる数を計算する

線分図をかくと、右のようになります。

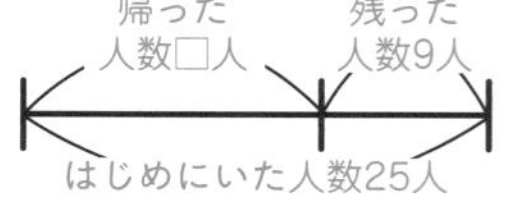

線分図から、

「帰った人数（□人）＝はじめにいた人数（25人）－残った人数（９人）」だとわかるので、□＝25－9＝16

答え　式…25－□＝9、□にあてはまる数…16

教えるときのポイント！

慣れたら、線分図をかかなくても、計算できるようにしよう！

「□を使った式」では、線分図をかいて解くように教えられますが、そのつど、線分図をかくのは時間がかかります。上の問題なら、「25－□＝9」という式を作ったうえで、線分図を頭の中で考えて、「□＝25－9＝16」のように、答えを求められるよう慣れていきましょう。

PART 11
03 □を使ったかけ算の式

3年生

問題 次の文を、わからない数を□として、かけ算の式に表しましょう。また、□にあてはまる数を答えましょう。

・1本の重さがわからない、同じ種類のえんぴつ8本の重さの合計は56gでした。

ここが大切！

文から式を作るだけでなく、式から文を作れるようになろう！

解きかたと答え

□を使った式の問題は、2ステップで解くことができます。

ステップ1 わからない数を□として、式を作る

えんぴつ1本の重さを、□（g）とします。

「1本の重さ×本数＝重さの合計」なので、

右のように式を作れます。

□	×	8	＝	56
1本の重さ	×	本数	＝	重さの合計

ステップ2 線分図をかいて、□にあてはまる数を計算する

線分図をかくと、右のようになります。

線分図から、56を8等分したものが□だとわかるので、

□＝56÷8＝7

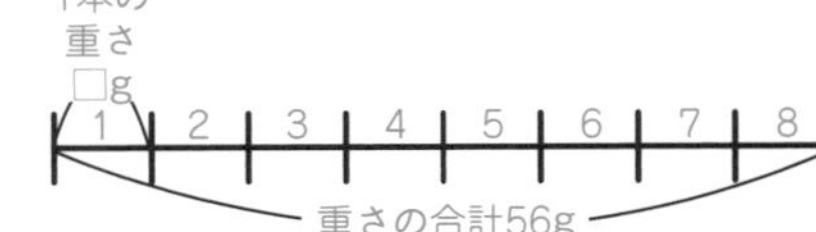

答え　式…□×8＝56、□にあてはまる数…7

教えるときのポイント！

式から文章を作る練習をしよう！

上の問題では、文章から「□×8＝54」という式を作りました。逆に、式から文章を作るのも、「□を使った式」の考えかたを学ぶ練習になります。

［例］「□×5＝300」という式から、文章を作りましょう。

いろいろな文章が考えられますが、「1本の値段がわからない、同じ種類のボールペンを5本買ったら、代金の合計は300円でした。」といった解答例があります。

04 文字と式（x（エックス）とy（ワイ）を使った式）

6年生

問題 次のそれぞれの文で、xとyの関係を式に表しましょう。

（1）たてが11cmで、横が$x$cmの長方形の面積は、$y$cm²です。

（2）全部で150ページの本を、xページ読んだら、残りのページ数はyページです。

ここが大切！

□のかわりに、xやyを使って式を作ろう！

解きかたと答え

前のページまでは、□という記号を使って式を作りましたが、この項目では、xやyの文字を使って式を作りましょう。

（1）「たて×横＝長方形の面積」なので、次のように式を作れます。

11　×　x　＝　y

たて　×　横　＝　長方形の面積

答え　$11 \times x = y$

（2）「全部のページ数－読んだページ数＝残りのページ数」なので、次のように式を作れます。

150　－　x　＝　y

全部のページ数　－　読んだページ数　＝　残りのページ数

答え　$150 - x = y$

教えるときのポイント！

「文字と式」でも、式から文章を作る練習をしよう！

前のページの「□を使った式」でも、式から文章を作る練習をしましたが、「文字と式」でも同じ練習をしてみましょう。この練習をすることによって、「文字と式」について、より深く理解できます。

【例】「$45 \div x = y$」という式から、文章を作りましょう。

いろいろな文章が考えられますが、例えば「面積が45cm²の平行四辺形の底辺が$x$cmのとき、高さは$y$cmです。」といった解答例があります。

05 文字と式（文字に数をあてはめる）

6年生

問題 30m のリボンを x 人で等分したら、１人分の長さが y m になりました。このとき、次の問いに答えましょう。

（１）x と y の関係を式に表しましょう。

（２）６人で等分するとき、1人分の長さは何 m ですか。

ここが大切！

「文字に数をあてはめる」のも、
中学数学につながる大事な考えかた！

解きかたと答え

（１）「はじめの長さ÷等分する人数＝１人分の長さ」なので、次のように式を作れます。

30	÷	x	＝	y
はじめの長さ	÷	等分する人数	＝	１人分の長さ

答え　$30 \div x = y$

（２）「$30 \div x = y$」の式の x に６をあてはめると、$30 \div 6 = 5$

※下の 教えるときのポイント！ 参照

答え　5m

教えるときのポイント！

「文字に数をあてはめる」ことの大切さを学ぼう！

上の問題をかんたんに感じた人もいるかもしれませんね。でも、（２）の「文字に数をあてはめる（x に６をあてはめる）」のは、中学数学につながる大事な考えかたです。

数学では、文字に数をあてはめることを、代入（だいにゅう）といいます。この代入は、数学ではとてもよく使う考えかたなのです。小学生のうちに、代入の考えかたに触れておくことは、中学数学をスムーズに理解するという点で大切です。

PART 12

01 比例とは？

5、6年生

問題 1本60円のえんぴつがあります。このえんぴつをx本買ったときの代金の合計をy円とします。このとき、xとyの関係を表に表しました。□にあてはまる数を答えましょう。

買った本数 x（本）	1	2	3	4	5	6
代金の合計 y（円）	□	□	□	□	□	□

ここが大切！

yがxに比例するとき、xが2倍、3倍、…になると、それにともなって、yがどうなるかおさえよう！

解きかたと答え

えんぴつ1本の代金は、60×1＝60（円）です。えんぴつ2本の代金は、60×2＝120（円）です。同じように計算していくと、□にあてはまる数を求めることができます。

答え （表の左から）60、120、180、240、300、360

教えるときのポイント！

比例の意味と式をしっかりおさえよう！

上の問題のように、2つの量xとyがあって、xが2倍、3倍、…になると、それにともなって、yも2倍、3倍、…になるとき、「yはxに比例する」といいます。

買った本数 x（本）	1	2	3	4	5	6
代金の合計 y（円）	60	120	180	240	300	360

（x：1→2 2倍、1→3 3倍、3→6 2倍／y：60→120 2倍、60→180 3倍、180→360 2倍）

上の問題では、「代金の合計（y円）＝えんぴつ1本の値段（60円）×えんぴつの本数（x本）」なので、「$y=60\times x$」という式が成り立ちます。

yがxに比例するとき、このように、「y＝決まった数×x」という式が成り立つことをおさえましょう。

PART 12

02 比例の問題

6年生

問題 次の表は、正三角形の1辺の長さ（x cm）とまわりの長さ（y cm）の関係を表しています。このとき、後の問いに答えましょう。

1辺の長さ x（cm）	1	2	3	4	5	6
まわりの長さ y（cm）	3	6	9	12	15	18

（1）y は x に比例していますか。

（2）x と y の関係を式に表しましょう。

（3）x の値が5.5のときの y の値を求めましょう。

ここが大切！

比例の式の x に数をあてはめる問題を解こう！

解きかたと答え

（1）表より、x が2倍、3倍、…になると、y も2倍、3倍、…になっています。だから、y は x に比例しています。

答え 比例している

（2）「正三角形のまわりの長さ（y cm）＝辺の本数（3本）×1辺の長さ（x cm）」だから、式は「$y = 3 \times x$」です。

答え $y = 3 \times x$

（3）（2）で求めた「$y = 3 \times x$」の x に5.5をあてはめて計算しましょう。$y = 3 \times 5.5 = 16.5$

答え 16.5

教えるときのポイント！

比例の別の解きかたで解いてみよう！

上の問題（3）は別の考えかたでも解けます。「y が x に比例するとき、x が□倍になると、y も□倍になる」ということをおさえましょう。

表から、1辺の長さが1cmのとき、まわりの長さは3cmです。ここで（3）は、1辺の長さが5.5cmのときのまわりの長さを求める問題とも言えます。1辺の長さが1cmのときと、（3）を比べると、1辺の長さは $5.5 \div 1 = 5.5$（倍）になっているので、まわりの長さも5.5倍となり、$3 \times 5.5 = 16.5$（cm）と求められます。

PART 12

03 比例のグラフのかきかた

問題 $y = 3 \times x$ のグラフをかきましょう。

ここが大切！

比例のグラフのかきかたの流れをおさえよう！

解きかたと答え

比例のグラフは、次の3ステップでかくことができます。

ステップ1 x と y の関係を表にかく

$y = 3 \times x$ について、x と y の関係を表にかくと、右のようになります。

x	0	1	2	3	4
y	0	3	6	9	12

ステップ2 表をもとに、方眼上に点をとる

表を見ながら方眼上に点をとると、右のようになります。横軸は x を表し、たて軸は y を表しています。

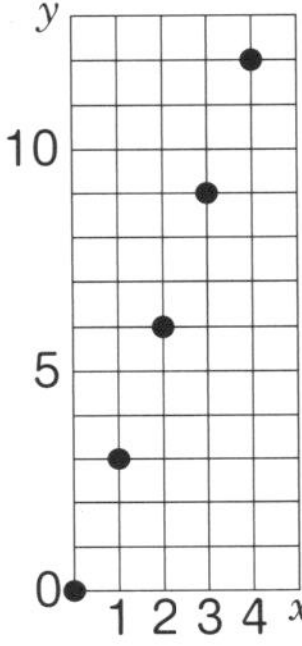

ステップ3 点を直線で結ぶ

ステップ2でとった点を直線でつなぐと、右のように、$y = 3 \times x$ のグラフをかくことができます。

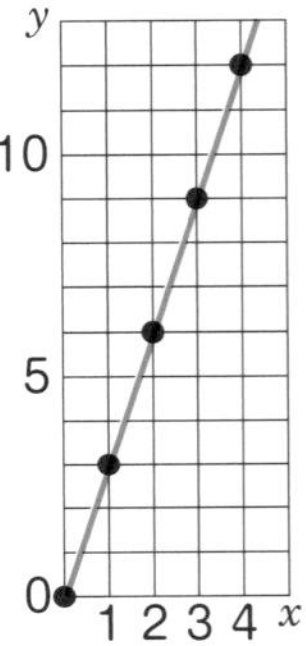

教えるときのポイント！

比例のグラフの特徴（とくちょう）をおさえよう！

比例のグラフの特徴は、**0の点を通る直線**であるということです。比例のグラフをかこうとして、右のように、0の点を通らない直線になった場合は間違いなので、かき直しましょう。

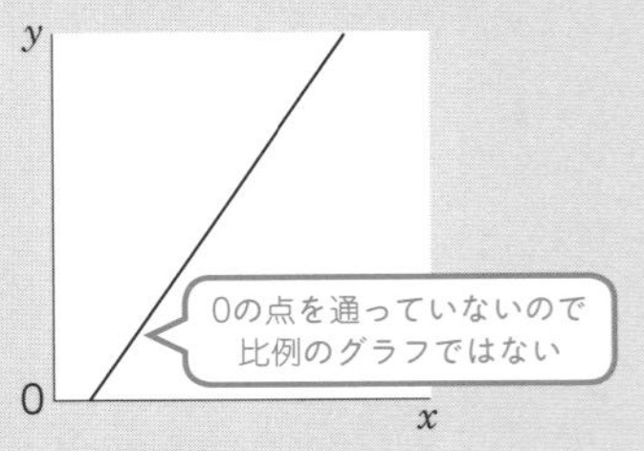

PART 12

04 比例のグラフの問題

6年生

問題 次の表は、ある人が時速5kmで歩いたときの時間 x 時間と道のり y kmの関係を表しています。このとき、後の問いに答えましょう。

時間 x（時間）	0	1	2	3	4	5
道のり y（km）	0	5	10	15	20	25

（1）x と y の関係を式に表しましょう。

（2）表をもとに、x と y の関係を右のグラフにかきましょう。

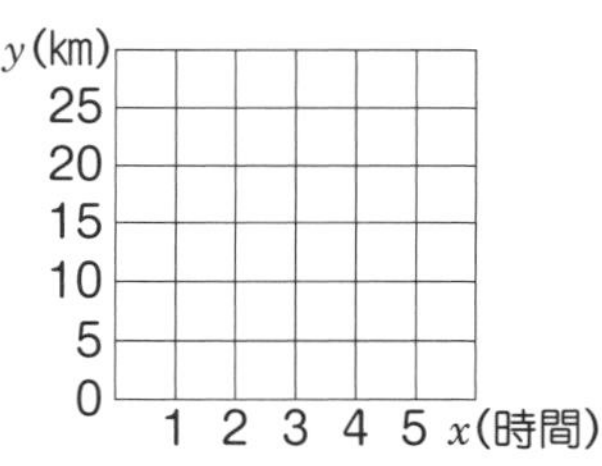

ここが大切！

x と y の関係を式に表してから、比例のグラフをかこう！

解きかたと答え

（1）「道のり（y km）＝速さ（時速5km）×時間（x 時間）」だから、「$y=5\times x$」という比例の式が成り立ちます。 **答え $y=5\times x$**

（2）表をもとに、x と y の関係をグラフにかくと、右のようになります。

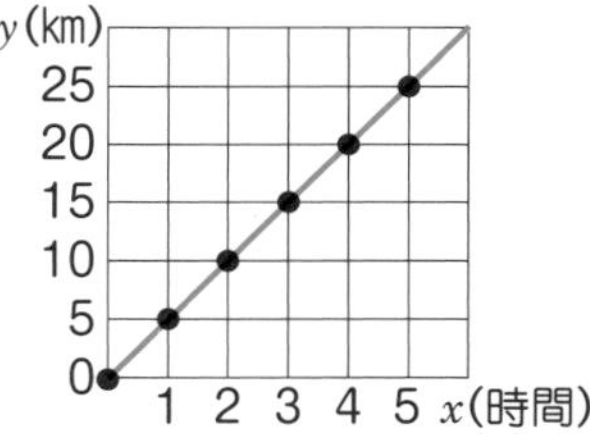

教えるときのポイント！

「比例」は中学、高校で習う数学の入り口！

「比例（と反比例）」については、中1でさらにくわしく学びます。そして、その内容は、中2の「1次関数（じかんすう）」、中3の「$y=ax^2$」につながっていきます。さらに、高校数学の重要な単元である「2次関数」「三角関数」「指数（しすう）関数」「微分（びぶん）・積分（せきぶん）」「3次関数」などにつながるので、しっかりおさえましょう。

PART 12
05 反比例とは？

問題 **容積が12Lの水そうに、1分にxLずつ水を入れるとき、y分でいっぱいになります。このとき、xとyの関係を表に表しました。□にあてはまる数を答えましょう。**

1分に入れる水量 x(L)	1	2	3	4	6	12
いっぱいになる時間 y(分)	□	□	□	□	□	□

ここが大切！

yがxに反比例するときの**xとyの関係**をおさえよう！

解きかたと答え

容積が12Lの水そうに、1分に1Lずつ水を入れると、12 ÷ 1 = 12（分）でいっぱいになります。また、1分に2Lずつ水を入れると、12 ÷ 2 = 6（分）でいっぱいになります。同じように計算していくと、□にあてはまる数を求めることができます。

答え （表の左から）12、6、4、3、2、1

教えるときのポイント！

反比例の意味と式をしっかりおさえよう！

上の**問題**のように、**2つの量xとyがあって、xが2倍、3倍、…になると、それにともなって、yが$\frac{1}{2}$倍、$\frac{1}{3}$倍、…になる**とき、「yはxに**反比例**する」といいます。

1分に入れる水の量 x(L)	1	2	3	4	6	12
いっぱいになる時間 y(分)	12	6	4	3	2	1

（x：2倍、3倍、2倍、4倍　y：$\frac{1}{2}$、$\frac{1}{3}$、$\frac{1}{2}$、$\frac{1}{4}$）

上の**問題**では、「**いっぱいになる時間（y分）＝水そうの容積（12L）÷1分に入れる水の量（xL）**」なので、「y = 12 ÷ x」という式が成り立ちます。

yがxに反比例するとき、このように、「y =決まった数÷x」という式が成り立つことをおさえましょう。

PART 12
06 反比例の問題

問題 次の表は、30㎞の道のりを行くときの、時速 x ㎞とかかる時間 y 時間の関係を表しています。後の問いに答えましょう。

時速 x(㎞)	1	2	3	5	6	10	15	30
時間 y(時間)	30	15	10	6	5	3	2	1

(1) x と y の関係を式に表しましょう。

(2) x の値が12.5のときの y の値を求めましょう。

ここが大切！

反比例の式の x に数をあてはめる問題を解こう！

解きかたと答え

(1)「時間（y 時間）＝道のり（30㎞）÷速さ（時速 x ㎞）」だから、式は「y ＝ 30 ÷ x」です。「y ＝決まった数÷ x」という式に表せたので、y は x に反比例しています。

答え　y ＝30÷ x

(2)（1）で求めた「y ＝ 30 ÷ x」の x に 12.5 をあてはめて計算しましょう。
y ＝ 30 ÷ 12.5 ＝ 2.4

答え　2.4

教えるときのポイント！

比例と反比例の式を区別しよう！

y が x に比例するとき、「y ＝決まった数× x」という式が成り立ちます。一方、y が x に反比例するとき、「y ＝決まった数÷ x」という式が成り立ちます。×と÷の部分が違うだけですが、しっかり区別しましょう。

反比例のグラフのかきかた

問題 $y=6\div x$ のグラフをかきましょう。

ここが大切！

反比例のグラフは、次の3ステップでかこう！

解きかたと答え

ステップ1 x と y の関係を表にかく

$y=6\div x$ について、x と y の関係を表にかくと、右のようになります。

x	1	1.5	2	3	4	6
y	6	4	3	2	1.5	1

ステップ2 表をもとに、方眼上に点をとる

表を見ながら方眼上に点をとると、次のようになります。

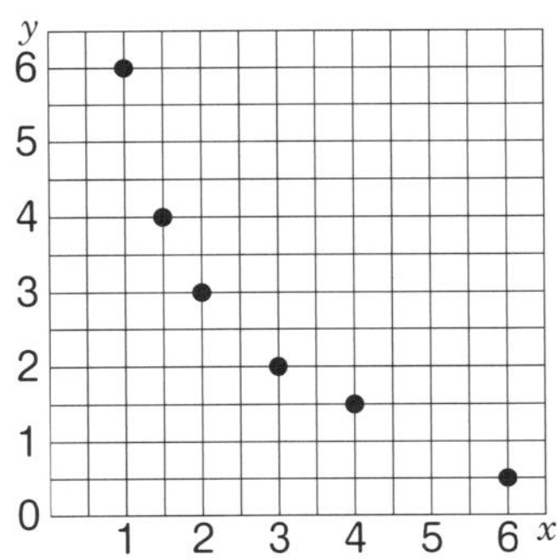

ステップ3 点をなめらかな曲線で結ぶ

ステップ2でとった点をなめらかな曲線でつなぐと、次のように、$y=6\div x$ のグラフをかくことができます。

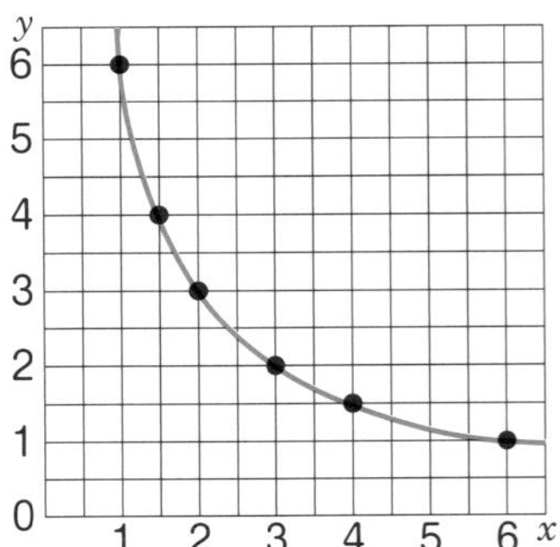

教えるときのポイント！

反比例のグラフは、
たて軸や横軸と交わらないように！

反比例のグラフをかくとき、右のグラフのように、軸とくっつけてかくと減点されてしまうことがあるので注意するようにしましょう。

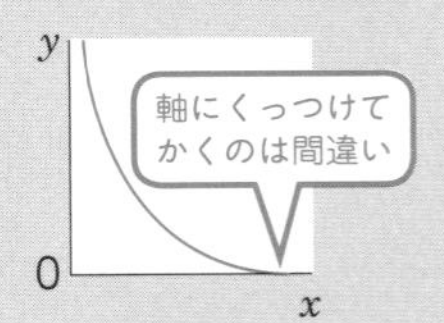

PART 12

08 反比例のグラフの問題

6年生

問題 次の表は、面積が18㎠の、長方形のたての長さ x cmと横の長さ y cmの関係を表しています。このとき、後の問いに答えましょう。

たて x(cm)	1	2	3	6	9	18
横 y(cm)	18	9	6	3	2	1

(1) x と y の関係を式に表しましょう。

(2) 表をもとに、x と y の関係を右のグラフにかきましょう。

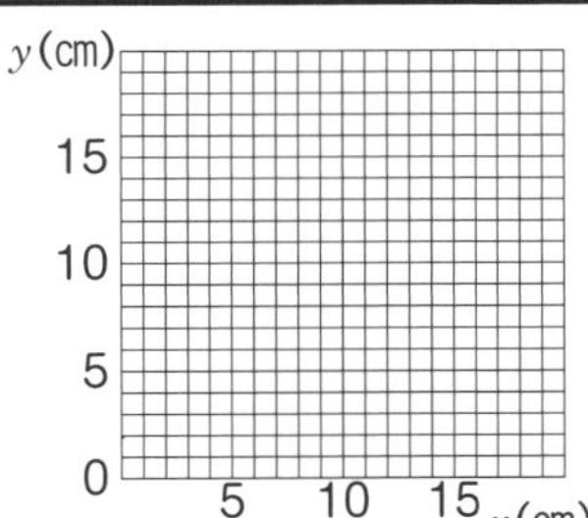

ここが大切！

x と y の関係を式に表してから、反比例のグラフをかこう！

解きかたと答え

(1)「横の長さ（$y$cm）＝長方形の面積（18㎠）÷たての長さ（$x$cm）」だから、「y ＝ 18 ÷ x」という反比例の式が成り立ちます。

答え y ＝18÷ x

(2) 表をもとに、x と y の関係をグラフにかくと、右のようになります。

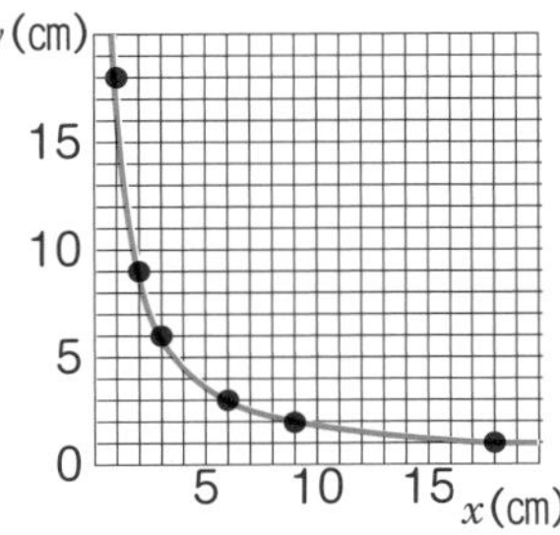

教えるときのポイント！

反比例の問題で、よく出てくる図形とは？

上の**問題**のように、面積が決まっているときの長方形のたてと横の長さは反比例の関係です。他にも、面積が決まっている「平行四辺形の底辺と高さ」「三角形の底辺と高さ」もそれぞれ反比例の関係にあるので、出題されることがあります。

PART 13

01 並べかたとは？

問題 **1、5、7の３枚のカードがあります。この３枚のカードを使って、３ケタの整数を作るとき、３ケタの整数は全部で何通りできますか。**

ここが大切！

「場合の数」の意味を言えるようになろう！

解きかたと答え

並べかたが何通りあるか調べるときに役に立つのが、樹形図(じゅけいず)です。木が枝分かれしているように見えるので、樹形図といいます。

①まず、百の位が1のときを考えます。百の位が1のとき、十の位は5か7になるので、図1のようにかき表します

②①で十の位が5のとき、一の位は7になります。また、十の位が7のとき、一の位は5になるので、それを図2のようにかき表します

③同じように、百の位が5のときと、百の位が7のときをそれぞれかき表すと、図3のように樹形図が完成します

④樹形図から、３けたの整数は、 全部で６通りできることがわかります

答え　6通り

図1

図2

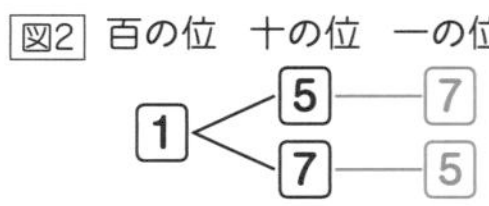

図3

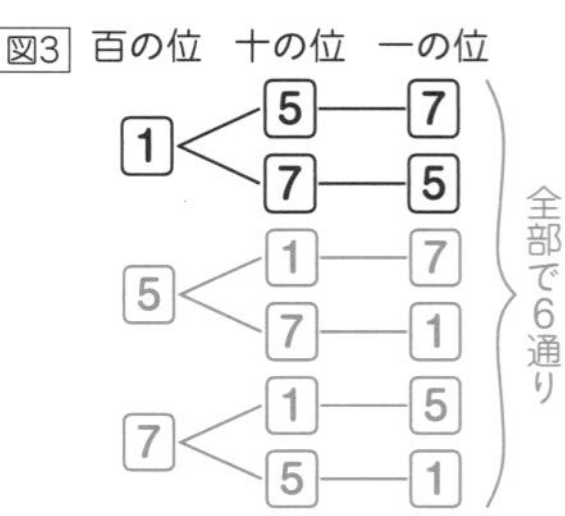

教えるときのポイント！

「場合の数」って、いったい何？

「あることがらが起こるのが何通りあるか」を、場合の数といいます。

場合の数は大きく分けて「並べかた」と「組み合わせ」の２つに分けられますが、このページと次のページでは、並べかたについて学んでいきます。

「場合の数」の問題は、樹形図を使うとスムーズに解けることが多いです。なぜなら、樹形図を使うことによって、もれや重なりのないように調べることができるからです。

PART 13
02 並べかたの問題

問題 **Ⓐ、Ⓑ、Ⓒ、Ⓓの4枚のカードがあります。このうち、2枚のカードを並べる並べかたは全部で何通りありますか。**

ここが大切！

問題文が違っても、解きかたが同じ「並べかた」の問題がある！

解きかたと答え

1枚目と2枚目に分けて並べます。
1枚目がⒶのときの樹形図は、右のようになり、3通りできます。
1枚目がⒷ、Ⓒ、Ⓓのときもそれぞれ3通りずつになります。
だから、全部で3×4＝12（通り）です。

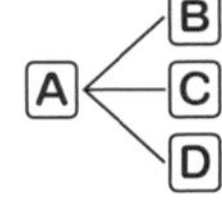

答え　12通り

教えるときのポイント！

次のような「並べかた」の問題もある！

［例］A、B、C、Dの4人の中から、班長（はんちょう）と副（ふく）班長を決めます。決めかたは全部で何通りありますか。

解きかた

Aが班長になるときの樹形図は、右のようになり、3通りあります。
班長がB、C、Dのときもそれぞれ3通りずつになります。
だから、全部で3×4＝12（通り）です。

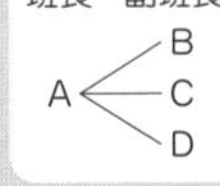

答え　12通り

この［例］も、A、B、C、Dの4人を班長と副班長に「並べる」といえるので、「並べかた」の問題です。上の**問題**とは問題文は違いますが、基本的な解きかたは同じです。

PART 13

03 組み合わせとは？

問題 Ⓐ、Ⓑ、Ⓒ、Ⓓの４枚のカードがあります。このうち、２枚のカードを選ぶ組み合わせは全部で何通りありますか。

ここが大切！

「並べる並べかた」と「選ぶ組み合わせ」が違うだけで答えがかわる！

解きかたと答え

前ページの問題（Ⓐ、Ⓑ、Ⓒ、Ⓓのカードのうち、２枚のカードを並べる並べかたは全部で何通りあるか）では、Ⓐ－ⒷとⒷ－Ⓐという並べかたを区別して２通りとしました。一方、このページの問題では、「選ぶ」だけなので、Ⓐ－ⒷとⒷ－Ⓐを区別せず、合わせて１通りとします。

前ページの問題の樹形図をすべてかいて、Ⓐ－ⒷとⒷ－Ⓐのように重なっているものの一方に×をつけると、次のようになります。

これにより、４枚のカードのうち、２枚を選ぶ組み合わせは６通りです。

→ Ⓐ－Ⓑ、Ⓐ－Ⓒ、Ⓐ－Ⓓ、Ⓑ－Ⓒ、Ⓑ－Ⓓ、Ⓒ－Ⓓ

答え　6通り

教えるときのポイント！

「組み合わせが何通りか」を計算で求めることもできる！

前ページの問題では、Ⓐ－ⒷとⒷ－Ⓐを区別して「２通り」として、「12通り」という答えをみちびきました。一方、このページの問題では、それらを区別せず「１通り」としました。

２枚のカードの並べかたは、Ⓐ－Ⓑ、Ⓑ－Ⓐのように「２通り」あります。このページの問題では、それをすべて「１通り」とするので、前ページの答えの「12通り」を２で割って、答えを（12÷２＝）**６通り**と計算で求めることもできます。

PART 13

04 組み合わせの問題

問題 A、B、C、D、Eの5人のうち、2人を選ぶ組み合わせは何通りですか。

ここが大切！

「5人のうち2人を選ぶ組み合わせ」と「5人のうち3人を選ぶ組み合わせ」の答えが同じになる理由をおさえよう！

解きかたと答え

「5人のうち、2人を並べる」樹形図をすべてかいて、A－BとB－Aのように重なっているものの一方に×をつけると、次のようになります。

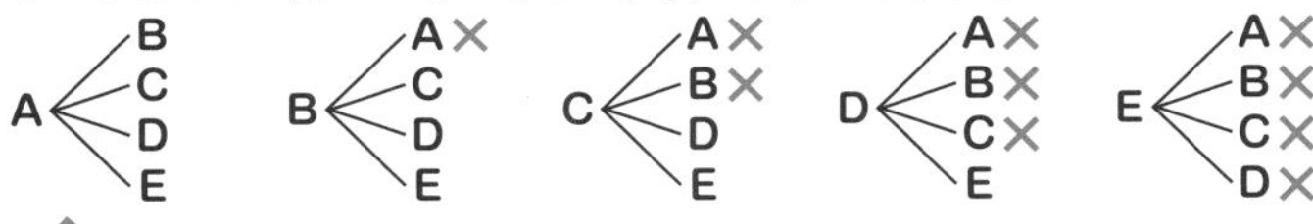

→ 10通りが残る

これにより、5人のうち、2人を選ぶ組み合わせは10通りです。

答え　10通り

教えるときのポイント！

「5人のうち3人を選ぶ組み合わせ」も10通りになるのはなぜ？

［例］A、B、C、D、Eの5人のうち、3人を選ぶ組み合わせは何通りですか。

解きかた

上の 問題 と、この［例］の違いは、5人のうち、2人を選ぶか、3人を選ぶかだけです。

答えからいうと、「5人のうち、3人を選ぶ組み合わせ」も同じ10通りになります。

5人のうち、例えば、A、Bの2人を選んだとき、残りのC、D、Eの3人は選ばれません。つまり、「5人のうち、2人を選ぶ組み合わせ」と「5人のうち、(選ばれない) 3人を選ぶ組み合わせ」が何通りあるかは同じになるのです。

A　B
選ばれる2人の組み合わせは10通り

C　D　E
(選ばれない) 3人の組み合わせは10通り

等しい

PART 13 場合の数

PART 13

05 リーグ戦とは？

6年生・発展

問題 A、B、C、Dの４チームで、ラグビーのリーグ戦を行います。全部で何試合行われますか。

ここが大切！

リーグ戦の全試合数は、表をかいて求めよう！

解きかたと答え

リーグ戦（総当たり戦）とは、**すべての参加チームが、１回ずつ他の全チームと対戦する形式**のことです。
A、B、C、Dの４チームのリーグ戦の表をかくと、右のようになります。
○の数を数えると６なので、全部で６試合行われることがわかります。

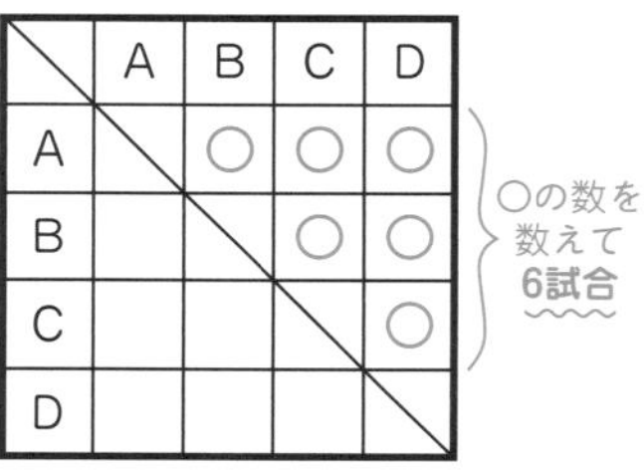

＼	A	B	C	D
A	＼	○	○	○
B		＼	○	○
C			＼	○
D				＼

答え　6試合

教えるときのポイント！

すべてのマスに○をつけて、「12試合」を答えにしないようにしよう！

リーグ戦の表のすべてのマスに○をつけると、12この○がかけますが、「12試合」を答えにしないようにしましょう。
例えば、右の表で、※をつけた試合は、どちらもAとDの対戦を表しています。
AとDの対戦は、２回ではなく、１回だけなので、○をすべて数えて「12試合」を答えにすると間違いになってしまうのです。
ななめの線の片側のマスだけに○をつけて、全試合数（6試合）を求めるようにしましょう。

＼	A	B	C	D
A	＼	○	○	○※
B	○	＼	○	○
C	○	○	＼	○
D	○※	○	○	＼

このように全部のマスに○をつけるのは間違い

PART 13

06 トーナメント戦とは？

A、B、C、D、E、Fの6チームで、ソフトボールのトーナメント戦を行います。全部で何試合行われますか。

ここが大切！

トーナメント戦の全試合数は「全チーム数－1」で求められることをおさえよう！

解きかたと答え

トーナメント戦（勝ち抜き戦）とは、**勝者どうしが、次々に試合をしていって、最後に残った2組で優勝を決める方法**のことです。

A、B、C、D、E、Fの6チームのトーナメント戦の表の一例をかくと、右のようになります。

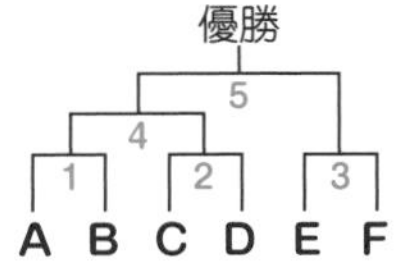

トーナメント戦の表より、全部で5試合行われることがわかります。 **答え 5試合**

教えるときのポイント！

トーナメント戦の全試合数は、もっとかんたんに求められる！

トーナメント戦では、1試合ごとに、負けるチームが1チームできます。「1試合ごとに負けるのが1チーム」だから、「全試合数＝全チーム数」と考えるのは間違いです。なぜなら、優勝チームだけは「1回も負けない」からです（優勝しなかったチームは必ず1回だけ負けます）。ですから、全チーム数から、優勝する1チームを引いた数が、全試合数になります。

まとめると、「全試合数＝全チーム数－1」ということです。

上の問題では、全部で6チームあるので、全試合数は6－1＝5（試合）とすぐに求められます。

この方法を知っておけば、わざわざトーナメント表をかく必要はありません。また、例えば「60チームが参加するトーナメント戦の全試合数は？」というような問題でも、60－1＝59（試合）のように、すぐ答えることができます。

PART 13 場合の数

旗をぬり分ける問題を解こう

中学入試などでは、さまざまなパターンの「旗のぬり分け問題」が出されます。基本的な「旗のぬり分け問題」にチャレンジしてみましょう。

問題

右のような、A、B、Cの3つの部分に分かれた旗があります。この3つの部分を、赤、青、緑の3色を使って、ぬり分けるとき、全部で何通りの旗ができますか。ただし、3色すべての色を使って、ぬり分けるものとします。

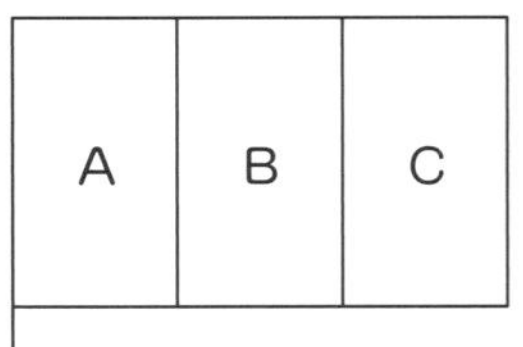

解きかたと答え

樹形図を使って、解いてみましょう。赤、青、緑の3色を使って、ぬり分けるすべての場合を、樹形図に表すと右のようになります。

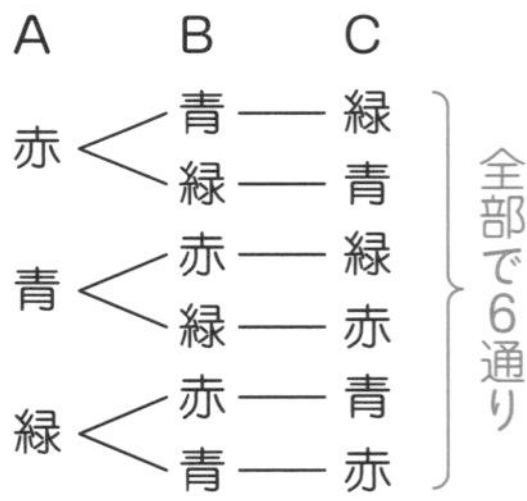

これにより、全部で6通りと求めることができます。

答え　6通り

上のような問題も、樹形図を使って解けることをおさえておきましょう。

PART 14

01 平均値とは？

問題　7人の生徒が、20点満点の漢字テストを行ったとき、点数はそれぞれ次のようになりました。このとき、このデータの平均値は何点ですか。

16　17　12　19　10　18　20（点）

ここが大切！

「平均値＝データの値の合計÷データの値の個数」であることをおさえよう！

解きかたと答え

調査や実験などによって得られた数や量の集まりを、データといいます。
「データの値の合計」を「データの値の個数」で割ったものを、平均値といいます。

(16+17+12+19+10+18+20) ÷ 7 ＝ 112 ÷ 7 ＝ 16（点）

データの値の合計　個数　平均値

答え　16点

教えるときのポイント！

2020年度からの新学習指導要領で新用語が加わった単元！

2020年度からの新学習指導要領で「代表値（210ページ）」や「ドットプロット（211ページ）」などの用語が、算数の範囲に加わりました。慣れない用語がいくつも出てきて戸惑う人がいるかもしれませんが、このPART14では、それらの用語をわかりやすく解説していきます。

PART 14

02 中央値とは？（データの値の個数が奇数の場合）

6年生

問題 9人の生徒の、先週公園に行った回数を調べたところ、次のようになりました。このデータの中央値は何回ですか。

2　5　2　4　1　6　4　1　3（回）

ここが大切！

平均値と中央値の違いをおさえよう！

解きかたと答え

データを小さい順に並べたとき、中央にくる値を中央値、またはメジアンといいます。
このデータを小さい順に並べて中央値を調べると、次のようになります。

答え　3回

教えるときのポイント！

平均値と中央値の性質の違いは？

［例 1］次のデータの平均値と中央値をそれぞれ求めましょう。

2　3　5　8　9

解きかた このデータの平均値は、(2＋3＋5＋8＋9) ÷ 5＝27 ÷ 5＝5.4 です。一方、中央値は 5 で、平均値の 5.4 と近い値といえます。「平均値と中央値は、どのデータでも近い値になるのでは？」と思うかもしれませんが、それは違います。例えば、上のデータで最も大きい数の 9 を、100 にしてみましょう。

［例 2］次のデータの平均値と中央値をそれぞれ求めましょう。

2　3　5　8　100

解きかた このデータの平均値は、(2＋3＋5＋8＋100) ÷ 5＝118 ÷ 5＝23.6 です。一方、中央値は 5 のままで、平均値よりもけっこう小さい値になります。このように、**他のデータに比べて大きく外れた値があるとき、平均値はその影響を受けやすいですが、中央値は受けにくい（もしくは、受けない）という性質があります。**

PART 14

03 中央値とは？（データの値の個数が偶数の場合）

問題 8人の生徒の、ある日の通学時間を調べたところ、次のようになりました。このデータの中央値は何分ですか。

15　11　7　23　18　25　10　21（分）

ここが大切！

データの値の個数が偶数のとき、中央値の求めかたに気をつけよう！

解きかたと答え

データの値の個数が偶数（このデータでは偶数の8こ）のとき、中央値の求めかたに注意が必要です。この場合、データを小さい順に並べたとき、中央にくる2つの値の平均値を、中央値とするようにしましょう。

このデータを小さい順に並べて中央値を求めると、次のようになります。

7　10　11　(15　18)　21　23　25

↑

中央値は「15と18の平均値」

(15+18)÷2＝16.5
中央値

答え　16.5分

教えるときのポイント！

中央値を求める問題が出たら最初にするべきこと！

これまでみてきたように、データの値の個数が奇数か偶数かによって、中央値の求めかたはかわります。

ですから、中央値を求める問題が出たら、まずデータの値の個数を数えることが大切です。データの値の個数が奇数なら、ひとつ前のページの方法で求め、データの値の個数が偶数なら、このページの方法で求めましょう。

PART 14

04 最頻値とは？

問題 **9人の生徒に、5問（1問が1点）の計算問題を出したところ、9人の点数はそれぞれ次のようになりました。このとき、このデータの最頻値は何点ですか。**

3　2　1　2　0　2　5　1　3（点）

ここが大切！

最頻値は、**代表値のひとつ**であることをおさえよう！

解きかたと答え

データの中で、最も個数の多い値を**最頻値**、または**モード**といいます。
9この値の中で、最も個数の多い値は2点（個数は3こで最多）です。だから、最頻値は2点です。

答え　2点

教えるときのポイント！

代表値の意味をおさえよう！

データ全体の特徴を1つの数値で表すとき、その数値を**代表値**といいます。
代表値には、平均値、中央値、最頻値などがあります。
次の［例］で、それぞれの代表値の意味をもう一度確認しましょう。

［例］次のデータについて、平均値、中央値、最頻値をそれぞれ求めましょう。

7　4　4　1　9　3　7　3　7

解きかた

- **「データの値の合計」を「データの値の個数」で割ったもの**が**平均値**なので、
（7＋4＋4＋1＋9＋3＋7＋3＋7）÷9＝45÷9＝5
- **データを小さい順に並べたとき、中央にくる値**が**中央値**なので、調べると右のようになります。

1　3　3　4　④　7　7　7　9
4こ　中央値　4こ

- **データの中で、最も個数の多い値**が、**最頻値**です。9この値の中で、最も個数の多い値は7（個数は3こで最多）です。

答え　平均値…5、　中央値…4、　最頻値…7

PART 14
05 ドットプロットとは？

問題 10人の生徒が、ある日、図書館で借りた本の冊数をドットプロットに表したところ、下のようになりました。このとき、このデータの最頻値は何冊ですか？

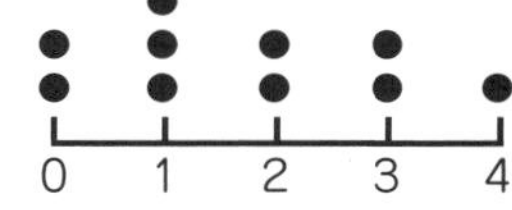

ここが大切！

ドットプロット（数直線上に、データを点（ドット）で表した図）で、点（ドット）が最も多い値が最頻値！

解きかたと答え

ドットプロットより、最頻値（データの中で最も個数の多い値）は、1冊（個数は3こで最多）。

答え　1冊

教えるときのポイント！

ドットプロットを作成できるようになろう！

上の問題は、ドットプロットから読みとる設問でした。一方、あるデータからドットプロットを作れるようになることも大切です。

［例］次のデータをドットプロットに表しましょう。

2　5　3　3　4　3　3　2

↓ ドットプロットに表すと…

答え

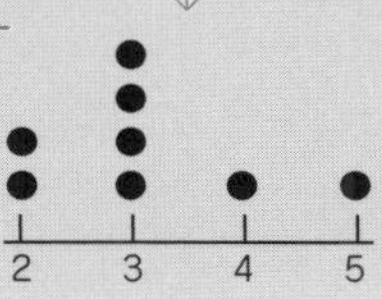

PART 14 データの調べかた

PART 14

06 度数分布表とは？

6年生

問題 25人の生徒のハンドボール投げの記録を、右のように、表に表しました。
この表について、次の用語の意味をおさえるために、□にあてはまる数を入れましょう。

ボールを投げた距離（m）	人数（人）
10 以上 ～ 15 未満	3
15 ～ 20	5
20 ～ 25	9
25 ～ 30	6
30 ～ 35	2
合計	25

階級 … **区切られたそれぞれの区間**（上の表で、15m以上20 m未満など）

階級の幅 … **区間の幅**（上の表の階級の幅は㋐□m）

度数 … **それぞれの階級にふくまれるデータの個数**

・上の表で、例えば、10m 以上15m 未満の階級の度数は、㋑□

・上の表で、例えば、25m 以上30m 未満の階級の度数は、㋒□

度数分布表 … 上の表のように、**データをいくつかの階級に区切って、それぞれの階級の度数を表した表**

ここが大切！

度数分布表についての用語（**階級**、**度数**など）の意味をおさえよう！

答え ㋐5 ㋑3 ㋒6

教えるときのポイント！

「度数とは？」と聞かれたら、すぐ答えられるようになろう！

上で学んだ、どの用語の意味も大切ですが、特に「度数」の意味を優先しておさえましょう。テストなどで、度数についての問題がよく出されるからです。

PART 14

07 柱状(ちゅうじょう)グラフとは？

6年生

問題 左ページの、25人の生徒のハンドボール投げの記録を表した度数分布表をもとに、柱状グラフを完成させましょう。横軸はボールを投げた距離を、たて軸は人数を、それぞれ表しています。

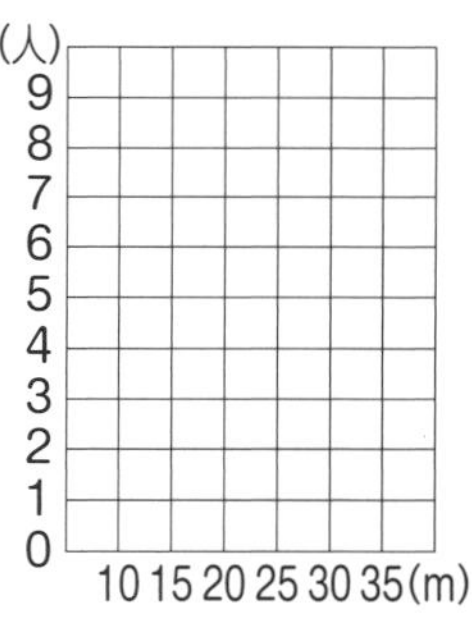

ここが大切！

それぞれの度数を、長方形の柱のように表したグラフを、柱状グラフ、または、ヒストグラムということをおさえよう！

解きかたと答え

左ページの度数分布表を、柱状グラフに表すと、右のようになります。

度数分布表をよく見て正確に表そう！

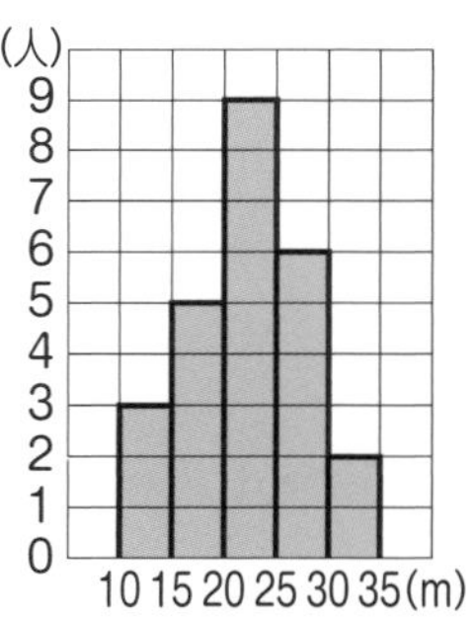

教えるときのポイント！

マスを数え間違うケアレスミスに気をつけよう！

度数分布表をもとに、柱状グラフを作るのは、それほど難しく感じない方が多いのではないでしょうか。ただ、柱状グラフを作るとき、マスを数え間違えてしまったミスをたまに見かけます（例えば、5マス囲うところを間違えて、6マス囲ってしまうなど）。見直しなどで確認して、正しい柱状グラフをかくようにしましょう。

PART 14

08 度数分布表の問題

問題 **あるクラスの30人全員のテスト結果を、右のように表に表しました。この表について、次の問いに答えましょう。**

点数（点）	人数（人）
50 以上（いじょう） ～ 60 未満（みまん）	4
60 ～ 70	7
70 ～ 80	11
80 ～ 90	5
90 ～ 100	3
合計	30

（1）70点以上の人は、合わせて何人ですか。

（2）60点以上80点未満の人は、合わせて何人ですか。

ここが大切！

度数分布表から読み取る問題を解いてみよう！

解きかたと答え

（1）度数分布表から、70 点以上 80 点未満の人数（11 人）と、80 点以上 90 点未満の人数（5 人）と、90 点以上 100 点未満の人数（3 人）をたすと、70 点以上の人数が、11 ＋ 5 ＋ 3 ＝ 19（人）と求められます。

答え　19人

（2）度数分布表から、60 点以上 70 点未満の人数（7 人）と、70 点以上 80 点未満の人数（11 人）をたすと、60 点以上 80 点未満の人数が、7 ＋ 11 ＝ 18（人）と求められます。

答え　18人

教えるときのポイント！

度数分布表を使って、割合の問題が出されることもある！

次の［例］のように、度数分布表を使って、割合の問題が出されることもあります。

［例］上の度数分布表で、60 点以上 80 点未満の人は、クラス全体の何%ですか。

解きかた

上の**問題**の（2）から、60 点以上 80 点未満の人数は 18 人です。

18 ÷ 30 ＝ 0.6 → 60%

比べられる量 ÷ もとにする量 ＝ 割合 → 百分率

答え　60%

09 度数分布表と柱状グラフの問題 6年

問題 生徒24人の50m 走の記録を調べたところ、表1のような結果になりました。表1の㋐に入る度数（人数）を求めてから、この結果を柱状グラフに表しましょう。

表1

50m走の記録（秒）	人数（人）
7.5 以上 〜 8.0 未満	2
8.0 〜 8.5	4
8.5 〜 9.0	6
9.0 〜 9.5	㋐
9.5 〜 10.0	4
10.0 〜 10.5	3
合計	24

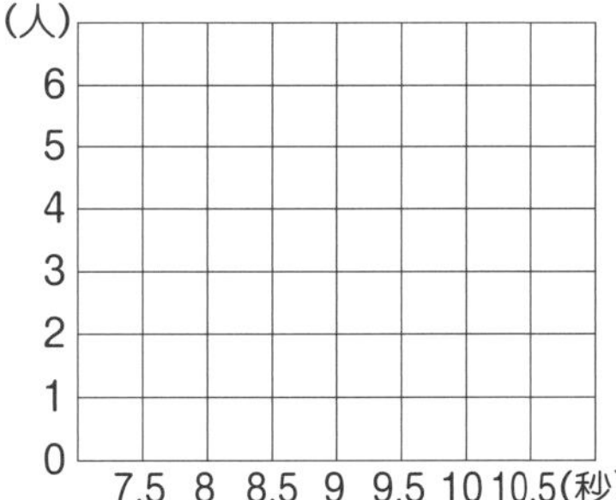

ここが大切！

度数分布表や柱状グラフを使いこなそう！

解きかたと答え

表1の度数（人数）の合計は24人なので、24人から他の度数を引くと、次のように㋐の度数が求められます。

24 −（2 + 4 + 6 + 4 + 3）
= 24 − 19 = 5（人）…㋐

度数分布表をもとに柱状グラフに表すと、右のようになります。

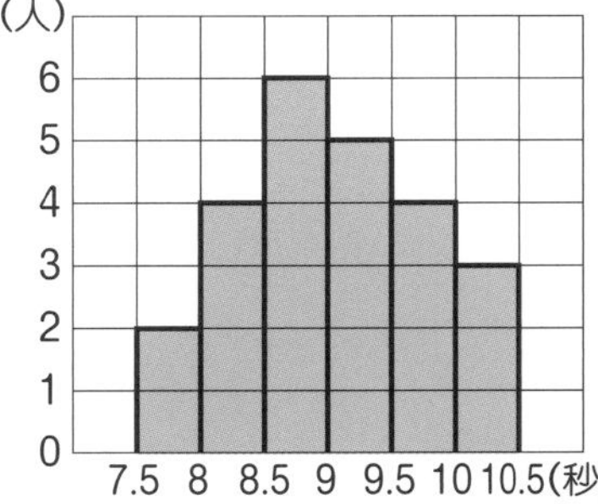

答え ㋐5

教えるときのポイント！

度数分布表や柱状グラフを実際に使ってみよう！

算数だけでなく、理科や社会の実験や自由研究などでデータを整理するとき、度数分布表や柱状グラフが使えます。積極的に活用していきましょう。

意味つき索引

さ行

正方形 ……………………………… 105

４つの辺の長さが等しく、４つの角が直角の四角形

正方形の面積 ……………………… 107

「１辺×１辺」で求められる

積 ……………………………………… 28

かけ算の答え

線対称な図形 ……………… 122、123

直線を折り目にして折り曲げると、両側の部分がぴったり重なる図形

側面 ………………………… 138、141

角柱のまわりの長方形（または正方形）または、円柱のまわりの曲面

た行

対応する角 ……………… 120 ～ 127

対応する点 ………………… 122、124

対応する辺 ………… 120 ～ 125、127

対角線 …… 104 ～ 106、108、109、140

向かい合った頂点をつないだ直線

台形 ………………… 106、108、140

１組の向かい合う辺が平行な四角形

台形の面積 ………………… 108、140

「（上底＋下底）×高さ÷２」で求められる

対称の軸 ………………… 122、123

線対称な形で、折り目となる直線

対称の中心 ………………… 124、125

点対称な形で、180度回転させるときの中心となる点

体積 … 132、133、137、140、143、151、154

立体の大きさ

代表値 ……………………………… 210

データ全体の特徴を、１つの数値で表すとき、その数値を代表値という

帯分数 ………………… 77 ～ 79、86、87

$1\frac{1}{3}$や$5\frac{3}{4}$のように、整数と真分数の和になっている分数

帯分数のくり上げ ……………………… 86

帯分数の整数部分を１大きくして、正しい帯分数に直すこと

帯分数のくり下げ ……………………… 87

帯分数の整数部分を１小さくなるように変形すること

多角形 ……………… 114、115、124

三角形、四角形、五角形、…などのように、直線でかこまれた図形

多角形の内角の和 ………………… 114

「N 角形の内角の和＝180×（N －２）」で求められる

旅人算 ………………………… 164 ～ 166

２人（２つ）以上の人や乗り物が移動するときに、出会ったり、追いかけたりする問題

単位の換算（単位換算）

…………… 152 ～ 160、162、163、170、172

ある単位を別の単位にかえること

単位量あたりの大きさ ……… 146、147

１つあたりの大きさで表した量

中央値（メジアン） ……………208 ～ 210

データを小さい順に並べたとき、中央にくる値

柱状グラフ（ヒストグラム） …… 212、213、215
それぞれの度数を、長方形の柱のように表したグラフ

中心角 …… 118、119
おうぎ形で、2つの半径が作る角

長方形 …… 105、107
４つの角が直角の四角形

長方形の面積 …… 107
「たて×横」で求められる

直方体 …… 133、135～137
６つの長方形だけ、もしくは、合わせて6つの長方形と正方形で囲まれた立体

直方体の体積 …… 133
「たて×横×高さ」で求められる

直方体の展開図 …… 135

直角 …… 101、102、105、111
90度のこと

直角三角形 …… 111、112、140
１つの角が直角である三角形

直角二等辺三角形 …… 111
２つの辺の長さが等しく、この２つの辺の間の角が直角である三角形

直径 …… 116、117
円の中心を通り、円周から円周まで引いた直線

通分 …… 82、83、90、91
分母が違う２つ以上の分数を、分母が同じ分数に直すこと

定価 …… 173、174
原価に見こみの利益を加えた値段

底面 …… 138～143
角柱や円柱で、上下に向かい合った２つの面

底面積 …… 138、140、141、143
１つの底面の面積

データ …… 207～212
調査や実験などによって得られた数や量の集まり

dL（デシリットル） …… 151、154
容積の単位

展開図 …… 134、135、139、142
立体の表面を、辺にそって切り開いて、平面に広げた図

点対称な図形 …… 124、125
ある点を中心にして180度回転させると、もとの形にぴったり重なる図形

等脚台形 …… 108
台形の一種で、平行でない１組の辺の長さが等しい台形

トーナメント戦（勝ち抜き戦） …… 205
勝者どうしが、次々に試合をしていって、最後に残った２組で優勝を決める方法

度数 …… 212～215
それぞれの階級にふくまれるデータの個数

度数分布表 …… 212～215
データをいくつかの階級に区切って、それぞれの階級の度数を表した表

ドットプロット …… 211
数直線上に、データを点（ドット）で表した図

や行

ら行

わ行

著者紹介

小杉　拓也（こすぎ・たくや）

◉――東大卒プロ算数講師、志進ゼミナール塾長。東大在学時から、プロ家庭教師、中学受験塾SAPIXグループの個別指導塾などで指導経験を積み、常にキャンセル待ちの人気講師として活躍。

◉――現在は、自身で立ち上げた中学・高校受験の個別指導塾「志進ゼミナール」で生徒の指導を行う。とくに中学受験対策を得意とし、毎年難関中学に合格者を輩出。指導教科は小学校と中学校の全科目で、暗算法の開発や研究にも力を入れている。算数が苦手だった子の偏差値を45から65に上げるなど、着実に成績を伸ばす指導に定評がある。

◉――もともと算数や数学が得意だったわけではなく、中学３年生のときの試験では、学年で下から３番目の成績。分厚い数学の問題集をすべて解いても成績が上がらなかったため、基本に立ち返って教科書で勉強をしたところ、テストで点数がとれるようになる。それだけでなく、ほとんど塾に通わずに現役で東大に合格するほど学力が伸びた。この経験から、「自分にとって難しすぎる問題集を解いても無意味」ということを知り、苦手意識のある生徒の学力向上に活かしている。

◉――著書は、『小学校６年間の算数が１冊でしっかりわかる本』『中学校３年間の数学が１冊でしっかりわかる本』『高校の数学I・Aが１冊でしっかりわかる本』（すべてかんき出版）、『小学校６年分の算数が教えられるほどよくわかる』（ベレ出版）など多数ある。

小学算数の解きかたが１冊でしっかりわかる本

2020年５月18日　第１刷発行
2024年10月24日　第９刷発行

著　者――小杉　拓也
発行者――齊藤　龍男
発行所――株式会社かんき出版
東京都千代田区麹町4-1-4 西脇ビル　〒102-0083
電話　営業部：03(3262)8011㈹　編集部：03(3262)8012㈹
FAX　03(3234)4421　振替　00100-2-62304
http://www.kanki-pub.co.jp/

印刷所――TOPPANクロレ株式会社

ISBN978-4-7612-3002-9 C6041